内容简介

　　本书打破传统教材的体系，以工作过程为导向，项目任务为载体，全书分为苗圃地育苗、穴盘育苗、容器育苗、组织培养育苗等4个项目，20个学习任务，每一个学习任务包括教学目标、任务提出、任务分析、相关知识、实训操作等，突出岗位职业技能，具有很强的可操作性。内容贴近种苗生产岗位职业实际，体现本行业的最新动态和发展。

　　本书可作为农林、园艺、生态、环境等专业的普通专科（高职高专）与成人专科的教材，亦可作为相关专业的教师、农技推广人员、工程技术人员的参考用书。

上海市特色高等职业院校建设项目成果

种苗

生 产

陈志萍　唐晓英　主编

中国农业出版社

北 京

图书在版编目（CIP）数据

种苗生产/陈志萍，唐晓英主编．—北京：中国
农业出版社，2016.12
上海市特色高等职业院校建设项目成果
ISBN 978-7-109-21725-6

Ⅰ.①种… Ⅱ.①陈…②唐… Ⅲ.①育苗－高等职
业教育－教材 Ⅳ.①S604

中国版本图书馆CIP数据核字（2016）第116097号

中国农业出版社出版
（北京市朝阳区麦子店街18号楼）
（邮政编码100125）
策划编辑 王 斌
文字编辑 李 蕊
————————————
北京通州皇家印刷厂印刷 新华书店北京发行所发行
2016年12月第1版 2016年12月北京第1次印刷
————————————
开本：787mm×1092mm 1/16 印张：11.75
字数：272千字
定价：28.00元
（凡本版图书出现印刷、装订错误，请向出版社发行部调换）

上海市特色高等职业院校建设项目成果
编写指导委员会

《种苗生产》
编 审 人 员

主　编　陈志萍　唐晓英

副主编　周　鹏　高登军　徐俐琴　夏重立　韩菲菲

编　者　（以姓名笔画为序）

　　　　陈志萍（上海农林职业技术学院）

　　　　周　鹏（上海农林职业技术学院）

　　　　姜　武（上海源怡种业公司）

　　　　夏重立（金陵科技学院）

　　　　徐俐琴（上海农林职业技术学院）

　　　　高登军（甘肃省山丹培黎学校）

　　　　唐晓英（上海农林职业技术学院）

　　　　韩菲菲（上海农林职业技术学院）

审　稿　闵　炜（上海农林职业技术学院）

农业职业教育是培养现代农业发展所需技术人才、流通人才、经营人才和管理人才的重要途径，教材作为课程内容设计和实施的核心要素，是实现人才培养目标与职业能力有机对接的载体，教材的编写已然成为教学改革中的重要一环，是发展农业职业教育的基本建设。

上海农林职业技术学院是上海市教委确定的"上海市特色高等职业院校建设单位"，学院秉承"为农服务特色立校"的办学宗旨，提出了具有学院特点的"学校育人与三农需求一体化、理论传授与实践操作一体化、教学过程与生产过程一体化、第一课堂与第二课堂一体化、实景训练与虚拟训练一体化、在校教育与在职教育一体化"的办学形态和"中高贯通、农非贯通、种养贯通、双证贯通、基专贯通"的专业形态，以此推动专业建设和课程教学改革，提高人才培养质量。经过三年的建设，学院在教学模式改革、实训基地建设、精品课程开发、校园文化建设等方面取得了一系列的成果。特别是在教材开发上，注重需求调研，加强与行业（企业）专家的研讨和合作，重新修订人才培养方案，强化课程体系与职业岗位对接，修订了一批课程标准，优化了教学内容，编写了一批适应现代农业职业教育的系列教材，是"上海市特色高等职业院校建设项目"的重要成果。

本系列教材在设计理念上，以培养"职业道德＋职业能力"为设计目标，强化职业素质培养，以岗位典型工作任务为主线，融入职业岗位能力需求，引入行业、企业核心技术标准和职业资格证书要求；内涵上突出文化育人，在大学语文等公共基础课程中融入农耕文明发展、农业专业知识等；内容上注重发挥行业、企业、院校合作和上海现代农业职教集团优势，结合"双主体"人才培养办学模式，引入企业文化、生产培训等内容，由校企双方共同开发专业课程教材；编排上符合学生从简单到复杂的循序渐进认知过程、从简单工作任务到复杂工作任务的实践操作能力发展过程和要求；对接农业产业发展的特点和生产流程，通过任务驱动、项目导向、专题学习情境等模式，序化教材结构；教材图文对照清晰、翔实，易于学生阅读和使用。

本系列教材充分反映了学院教师对农业职业教育专业改革和高等职业教育的研究成果，对现代都市农业产业发展与高职农业人才培养具有启示作用，适用于农业高等职业院校教学使用，也可作为新型职业农民等相关培训的教学材料。

特别感谢上海市教育委员会、上海市农业委员会等相关部门和上海现代农业职业教育集团、光明食品集团等企业在教材建设过程中给予的大力支持，感谢行业、企业、兄弟院校的专家学者和学院教师付出的辛勤劳动。教材中的不足之处恳请使用者不吝赐教。

上海农林职业技术学院院长：

前 言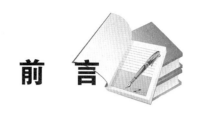

  随着我国经济迅速发展，农业产业结构调整，专门化、现代化、机械化、集约化生产成为农业生产趋势，城市园林建设加快，推动种苗的发展。为适应职业教育的特点，本教材打破传统教材的体系，以种苗培育方式为教学项目，力求理论与实践紧密结合，贴近职业岗位实际，体现本行业的最新动态和发展，又符合学生一般认知规律，突出应用性、实用性和操作性。

  全书分苗圃地育苗、穴盘育苗、容器育苗、组织培养育苗等4个项目、19个任务、41项工作实训。

  本书由陈志萍、唐晓英主编，周鹏、高登军、徐俐琴、夏重立、韩菲菲任副主编，其他编写人员还有姜武等。具体分工如下：陈志萍、高登军编写项目一；周鹏、姜武编写项目二；夏重立、韩菲菲编写项目三；唐晓英、徐俐琴编写项目四。全书由闵炜审稿，陈志萍统稿，唐晓英负责图片编绘和文字编排。

  教材编写中参考了大量的相关书籍及资料，在此表示衷心的感谢！

  限于编者的学识和实践经验，书中难免有不足之处，敬请读者批评指正。

编 者

2016 年 4 月

目　录

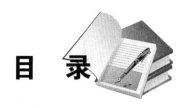

1 项目一

苗圃地育苗

苗圃是繁殖与培育苗木的基地。苗圃主要有两种分类方式：一是按苗木的种植方式分类，主要分为地栽苗圃和容器栽培苗圃。地栽苗圃也包括一些小型的容器苗，属于混合生产苗圃；容器苗圃其苗木主要种植在容器中。另一种是按苗圃的功能进行分类，分为以零售为主的苗圃和以批发为主的苗圃。这里主要介绍如何培育地栽苗。

任务一　苗圃地的建立与区划

教学目标：

熟悉苗圃地建立的条件和要求，掌握苗圃建立的过程和基本方法。

任务提出：

了解园艺植物苗圃地的选择要求，能进行苗圃地的选择；能根据育苗生产任务、生产布局对苗圃进行区划，运用苗圃建设的理论知识进行苗圃施工管理。

任务分析：

结合当地土壤、植物、气候等条件，了解和掌握建立建立苗圃的条件和要求以及苗圃的规划、区划方法。

相关知识一　苗圃地的建立

园艺植物苗圃地的位置非常重要。在建立苗圃之前，要对欲建立苗圃的经营条件和自然条件进行分析研究，根据培育的园艺植物种类，选择与其相适应的环境。

1. 苗圃地的选择

（1）经营条件。苗圃地应选择在城市边缘或近郊交通方便的地方，以保证苗圃所需的物资材料充分，减少投入，降低经营成本，提高效益。长期积水的低洼地、风口和光照不足的地方，不宜建苗圃，以免影响植物生长。

（2）自然条件。

①地形。苗圃地应设在排水良好的平坦地或坡度不超过 3°的缓坡地上。地形平坦的圃地，温度、湿度、土壤、肥力等环境因素差异小，且生产中便于灌溉、便于机械化作业，节省人力，降低成本，有利于提高市场竞争力。蔬菜、花卉都是对水、肥要求较高的植物，需选择肥沃的平地建苗圃；果树可以在坡度不大的地方建苗圃，但考虑温度、光照等因素，一般应选择东南坡或东北坡。

②土壤。土壤是供给园艺植物生长所需水分、养分和根系所需氧气、温度的场所和介质，对苗木的质量，尤其是对根系的生长影响大。选择苗圃必须认真考虑土壤条件，包括土

壤水分、土壤肥力、土壤质地、土壤酸碱度等，盐碱地不宜选作苗圃地。不论是花卉、蔬菜还是果树，一般适宜在保水性能好、保肥力强、通气性好的沙质壤土和轻黏质壤土中生长，土壤 pH 以微酸为好，过高的碱性或酸性能抑制土壤中有益微生物的活动，影响氮、磷、钾和其他营养元素的转化和供应。对于酸性过强的土质，可施适量的石灰或草木灰进行调和，对于碱性土壤，可施硫酸亚铁调和。

③水源。水是影响蔬菜、花卉及果树生长发育的关键因素，苗圃必须有充足的水源以供灌溉。河流、湖泊、池塘、水库等天然水源较好，水质柔和，污染少，还可降低灌溉成本。但苗圃距上述水源也不宜过近，以防地下水位过高，苗圃被淹。被污染的水、含盐量超过 0.15％的水，都不宜用于灌溉；地下水位的深浅，一般沙壤土约 2.5m、壤土 3～3.5m 比较适宜。地下水位高的低地，要做好排水工作。

④其他。建立苗圃前，应详细调查苗圃和苗圃所在地的病虫害情况及鼠兔危害程度，如地下害虫蛴螬、蝼蛄、地老虎等的危害程度和立枯病的感染程度。对病虫危害严重的地区，要进行彻底有效的防治，才能选作苗圃地。另外，在有恶性杂草和杂草源的地方，也不宜建苗圃，杂草不仅与植物争夺水分、养分、空间，而且易滋生病虫害。

2. 园艺园地的环境质量要求

食品安全不容忽视。在选择园艺植物苗圃地时，特别是生产蔬菜、水果的圃地，生产地的环境质量要符合绿色食品产地环境质量标准 NY/T 391—2013。

（1）空气环境质量要求。产地空气中各项环境污染物不应超过表 1-1 所列的浓度限值。

表 1-1　空气中各项污染物浓度限值（mg/m³）

项　　目	浓度限值	
	1h 平均	日平均
总悬浮颗粒物（TSP）	—	0.30
二氧化硫（SO₂）	0.50	0.15
氮氧化物（NOₓ）	0.15	0.10
氟化物	20（μg/m³）	7（μg/m³） 1.8［μg/（dm²·d）］（挂片法）

注：①日平均指任何一日的平均浓度；②1h 平均指任何 1h 的平均浓度；③连续采样 3d，1d3 次，晨、中和夕各 1 次；④氟化物采样可用动力采样滤膜法或用石灰滤纸挂片法，分别按各自规定的浓度限值执行，石灰滤纸挂片法挂置 7d。

（2）灌溉水质要求。灌溉水中各项污染物含量不应超过表 1-2 所列的浓度限值。

表 1-2　农田灌溉水中各项污染物的浓度限值（mg/L）

项目	pH	总汞	总镉	总砷	总铅	六价铬	氟化物	大肠菌群
浓度限值	5.5～8.5	0.001	0.005	0.05	0.1	0.1	2.0	10 000（个/L）

注：灌溉菜园用的地表水须测粪大肠菌群，其他情况下不测粪大肠菌群。

（3）土壤环境质量要求。土壤按耕作方式的不同分为旱田和水田两大类，每类根据土壤 pH 的高低分为 3 种情况，即 pH<6.5、6.5<pH<7.5 和 pH>7.5。绿色食品产地各种不同土壤中的各项污染物含量不应超过表 1-3 所列的限值。

表 1-3　土壤中各项污染物的含量限值（mg/L）

项目	旱　田			水　田		
	pH<6.5	6.5<pH<7.5	pH>7.5	pH<6.5	6.5<pH<7.5	pH>7.5
镉	0.30	0.30	0.40	0.30	0.30	0.30
汞	0.25	0.30	0.35	0.30	0.30	0.40
砷	25	20	20	20	20	15
铅	50	50	50	50	50	50
铬	120	120	120	120	120	120
铜	50	60	60	50	60	60

注：①果园土壤中的铜限量为旱田中的铜限量的一倍；②水旱轮作的标准值取严不取宽。

（4）土壤肥力要求。为了促进生产者增施有机肥、提高土壤肥力，在生产 AA 级绿色食品时，转化后的耕地土壤肥力要达到土壤肥力分级中的Ⅰ、Ⅱ级指标（表 1-4）。生产 A 级绿色食品时，土壤肥力作为参考指标。

表 1-4　土壤肥力分级参考指标

项目	级别	旱地	水田	菜地	园地
有机质 （g/kg）	Ⅰ	>15	>25	>30	>20
	Ⅱ	10~15	20~25	20~30	15~20
	Ⅲ	<10	<20	<20	<15
全氮 （g/kg）	Ⅰ	>1.0	>1.2	>1.2	>1.0
	Ⅱ	0.8~1.0	1.0~1.2	1.0~1.2	0.8~1.0
	Ⅲ	<0.8	<1.0	<1.0	<0.8
有效磷 （mg/kg）	Ⅰ	>10	>15	>40	>10
	Ⅱ	5~10	10~15	20~40	5~10
	Ⅲ	<5	<10	<20	<5
有效钾 （mg/kg）	Ⅰ	>120	>100	>150	>100
	Ⅱ	80~120	50~100	100~150	50~100
	Ⅲ	<80	<50	<100	<50
阳离子交换量 （mmol/kg）	Ⅰ	>20	>20	>20	>15
	Ⅱ	15~20	15~20	15~20	15~20
	Ⅲ	<15	<15	<15	<15
质地	Ⅰ	轻壤、中壤	中壤、重壤	轻壤	轻壤
	Ⅱ	沙壤、重壤	沙壤、轻黏	沙壤、中壤	沙壤、中壤
	Ⅲ	沙土、黏土	沙土、黏土	沙土、黏土	沙土、黏土

注：土壤肥力的各个指标，Ⅰ级为优良，Ⅱ级为尚可，Ⅲ级为较差。

相关知识二　苗圃的区划

在区划前首先对苗圃地进行地形和地物的测量，绘制 1/500~1/2 000 的平面图，作为区划工作的依据，然后根据育苗任务、各类育苗特点、植物特性和苗圃地的自然条件进行区划，一般分为生产用地和辅助用地。

1. 生产用地的区划

生产用地分为耕作区和育苗区，育苗区包括播种苗区、营养繁殖区、移植苗区、大苗区、采条区、引种苗区、珍贵苗区、展览区和温室区等。

生产用地的区划，首先要保证各个生产小区的合理布局，每个生产小区的面积和形状，应根据各小区的生产特点和苗圃地形来决定。一般机械化程度较高的大中型苗圃，小区可呈长方形，长度可视使用的机械种类来确定，中小型机具200m，大型机具500m。小型苗圃以手工和小型机具为主，小区长度以50～100m为宜，宽度一般为长度的一半。

（1）耕作区。耕作区是园艺圃地中进行生产的基本单位，长度依机械化程度而定，完全机械化以200～300m为宜，以手工和小型机具为主的，长度一般为50～100m。宽度依圃地的土壤质地和地形是否有利于排水而定，排水良好者可宽，排水不良者要窄，一般为40～100m。

耕作区的方向，应根据圃地的地形、地势、坡向、主风方向和圃地形状等综合因素加以考虑。坡度较大时，耕作区长边应与等高线平行。一般情况下，耕作区长边最好采用南北向，可使植物受光均匀，利于生长。

（2）育苗区的区划。

①展览区。展览区是苗圃中最有特色的生产小区，多设在办公区和温室附近。展览区内所培育的多是本苗圃的特色品种，或在当地较难培育的品种，或引进和自育成功的新品种。通过展览区有目的、有重点地向参观者和客商展示本苗圃的生产经营水平和产品特色

②播种苗区。播种区是培育播种苗的地区，是生产区的主要部分。幼苗对于不良环境条件的抵抗能力弱，对水、肥、气、热条件要求高，管理需要精细，播种区应设在土壤质地良好、土壤肥沃、背风向阳、排灌及管理方便的地段。

③营养繁殖区。营养繁殖区是培育扦插苗、嫁接苗、压条苗和分株苗等的生产区。此区要求较肥沃的土壤和较好的灌溉排水条件，常安排在苗圃中土壤、水分条件中等的地方。嫁接苗区，往往主要为砧木苗的播种区，以土质良好为宜，便于接后覆土，地下害虫要少，以避免危害接穗而造成嫁接失败；扦插苗区则应主要考虑灌溉和遮阴条件；压条、分株育苗法采用较少，育苗量少，可利用零星地块育苗。珍贵或难成活的苗木，在便于设置温床、荫棚等特殊设备的地区进行，或在温室中育苗。

④移植区。移植区是培育各种移植苗的地区。由播种区、营养繁殖区中繁殖出来的苗木，需要进一步培养成较大的植株时，为了增加植株营养面积、促进根系生长，应移入移植区进行培育。移植区一般可设在土壤条件中等、地块大而整齐的地方。同时应根据植物的不同习性进行合理安排，耐水湿的可种在较低湿的地方，肉质根、不耐水湿的则种在较高燥的地方。

⑤大苗区。大苗区是培育各种大规格园林绿化苗木的生产区。大苗区苗木高大，适应性较强，对土壤的要求不十分严格，可安排在苗圃边缘、土层较厚的地段。

⑥母树区。母树区是培育专供采条（或接穗）的母树的地区，管理较粗放，可安排在苗圃边缘、土层较厚的地段。

⑦引种驯化区。引种驯化区是用于种植新植物种或新品种的区域，要选择小气候环境、

土壤条件、水分状况及管理条件相对较好的地块，同时靠近管理区便于观察研究记录。

⑧设施育苗区。设施育苗区是为利用温室、荫棚等设施进行育苗而设置的区域。此区投资高、技术和管理水平要求高，一般选择靠近管理区、地势高、排水畅的地块。

现代苗圃为了便于控制温湿度，大多在温室荫棚等设施内进行播种、扦插和试管苗的驯化移栽。一般采用泥炭、蛭石、珍珠岩、椰糠等，按比例根据植物特性混合配制栽培基质。

2. 辅助用地的区划

辅助用地包括道路系统、排灌系统、各种用房、蓄水池、积肥场、晒种场、停车场、绿篱、围墙和防护林等。这些用地是直接为生产苗木服务的，要求既能满足生产经营的需求，又要设计合理，减少占地。一般辅助用地不超过总面积的20%～30%。

（1）道路。道路在不影响交通和经营管理的原则下，应尽量减少道路的长度和宽度，一般道路占地面积为苗圃总面积的7%～10%。道路最好和排灌系统、防护林带营造相结合，由主道、副道、小道和周界道组成。

（2）排灌系统。圃地必须有完善的灌溉系统，以保证水分对苗木的充分供应。灌溉系统主要包括水源、提水设备和引水设备。

①水源。包括地面水和地下水两类。地面水指河流、湖泊、池塘、水库等，以无污染又自流的地面水灌溉最为理想，因为地面水温度较高，与作业区土温相近，水质较好，而且含有部分养分，对苗木生长有利；地下水指泉水、井水等，其水温较低，最好建蓄水池存水，以提高水温。同时水井设置要均匀分布在苗圃各区，以便缩短引水和送水的距离。

②提水设备。目前多用提水工作效率高的水泵。水泵规格的大小，应根据土地面积和用量的大小确定。如安装喷灌设备，则要用5kW以上的高压潜水泵提水。

③引水设备。有地面明渠引水和暗管引水两种形式。灌溉网由主渠、支渠、毛渠和必需的灌溉机械组成，喷灌也是苗圃中常用的一种灌溉方法。喷灌省水，灌溉均匀又不使土壤板结，灌溉效果好。喷灌分固定式和移动式两种。移动式喷灌有管道移动和机具移动两种。滴灌是通过滴头，将水直接滴入植物根系附近，省水，是十分理想的灌溉设备。

④排水系统。为了排除雨季苗圃内积水和灌溉剩余尾水，苗圃应设置排水沟。排水沟常设在苗圃中地势低洼的地方，多位于道路两侧。方向和灌溉沟垂直，无论是明沟、暗沟都应有0.4%的比降，形成主渠、支渠、毛渠配套的排水网。

（3）防护林带。选用高大乔木和由灌木组成的较为透风的防护林系统，一般设在苗圃周围。防护林应选择生长迅速、高大、无病虫害、又不是苗木病虫害中间寄生的当地速生树种。下层灌木可选用萌芽力强，根系不大扩展的带刺灌木，以防人畜对苗木的危害。一般小型圃地与主风方向垂直设一条林带，中型圃地在四周设置林带，大型圃地除设置环园林带外，在圃内结合道路等设置与主风方向垂直的辅助林带。

（4）建筑管理区。苗圃管理区包括房屋建筑和圃内场院等部分。房屋建筑主要包括办公室、宿舍、食堂、仓库、种子贮藏室、工具房、车库等；圃内场院主要包括运动场、晒场、堆肥场等。苗圃管理区应设在交通方便、地势高燥的地方。管理区占地面积一般为苗圃总面积的1%～2%。

3. 苗圃地设计图的绘制

在绘制苗圃地设计图之前，必须了解苗圃的具体位置、界限、面积；育苗的种类、数量、出圃规格、苗木供应范围；苗圃的灌溉方式；苗圃必需的建筑、设施、设备；苗圃管理的组织机构、工作人员编制等；苗圃地各种有关的图纸资料，如现状平面图、地形图、土壤分布图、植被分布图等，以及其他有关的经营条件、自然条件、当地经济发展状况资料等。

通过对以上具体条件的综合分析，确定苗圃的区划方案。以苗圃地形图为底图，在图上绘出主要道路、渠道、排水沟、防护林带、场院、建筑物、生产设施构筑物等。根据苗圃的自然条件和机械化条件，确定作业区的面积、长度、宽度、方向。根据苗圃的育苗任务，计算各树种育苗需占用的生产用地面积，设置好各类育苗区。正式设计图的绘制应按照地形图的比例尺，将道路、沟渠、林带、作业区、建筑区等按比例绘制在图上，排灌方向用箭头表示。在图纸上应列有图例、比例尺、指北方向等。各区应编号，以便说明各育苗区的位置。目前，各设计单位都已普遍使用计算机绘制平面图、效果图、施工图等。

相关知识三 苗圃地整理及土壤改良

1. 地形整理

在苗圃地选择定点完成后，按照苗圃地要求进行地形整治，整治的原则是便于灌溉，便于排水，便于耕作。土方量太大可逐年进行。

2. 土壤改良

深厚肥沃的土壤是苗圃取得优质苗木稳产、高产的重要条件。在圃地中如有盐碱土、沙土、黏土时，应进行必要的土壤改良。

（1）沙质土壤的改良。在春秋翻耕时大量施用有机肥，使氮素肥料能保存在土壤中不至流失；每年施河泥、塘泥 750kg/hm²。改变沙土过度疏松的状况，使土壤肥力逐年提高；沙层不厚的土壤通过深翻，使底层的黏土与上面的沙层进行掺和。种植豆类绿肥翻入土壤中增加土壤的腐殖质。还可施用土壤改良剂。

（2）红黄壤黏重土的改良。可通过掺沙，一般一份黏土加 2～3 份沙；增施有机肥和广种绿肥植物，提高土壤肥力和调节酸碱度。但尽量避免施用酸性肥料，可用磷肥和石灰（750～1 050kg/hm²）等。适用的绿肥有紫云英、蚕豆、毛叶苕子等。合理耕作，实施免耕或少耕，实施生草法等土壤管理措施。

（3）盐碱地土壤的改良。适时合理地灌溉、洗盐或以水压盐，使土壤含盐量降低。多施有机肥，种植绿肥植物，促进团粒结构形成，以改良土壤不良结构，提高土壤中营养物质的有效性。化学改良，施用土壤改良剂，提高土壤的团粒结构和保水性能。中耕，地表覆盖，减少地面过度蒸发，防止盐碱度上升。种植耐盐碱蔬菜，如结球甘蓝、莴苣、菠菜、南瓜、芹菜、大葱等。

土壤改良中使用的土壤改良材料如沙、珍珠岩、石灰、硫黄等，能迅速改变土壤的某项理化指标，但随着时间的流逝，在没有改变种植、管理方式的情况下，土壤性状会变得比改良前更恶劣。使用稳定性好的有机土壤改良材料，如泥炭，要注意碳氮比，最好在 1：30 以下。

相关知识四 苗圃技术档案的建立

苗圃技术档案是对苗圃生产、试验和经营管理等活动的记载，是合理地利用土地资源和设施、设备，科学地指导生产经营活动，有效地进行劳动管理的重要依据。

1. 建立苗圃技术档案的基本要求

①技术档案是苗木生产的真实反映和历史记载，要长期坚持，不能间断。

②应设专职或兼职档案管理人员，专门负责苗圃技术档案工作，人员应保持稳定，如有工作变动，要及时做好交接工作。

③观察记载要认真仔细，实事求是，及时准确，系统完整。

④每年必须对材料及时汇集整理，分析总结，为今后的苗圃生产提供依据。

⑤按照材料形成时间的先后分类整理，装订成册，归档，妥善保管。

2. 苗圃技术档案的主要内容

①苗圃基本情况档案。包括苗圃的位置、面积、经营条件、自然条件、地形图、土壤分布图、苗圃区划图、固定资产、仪器设备、机具、车辆、生产工具以及人员、组织机构等情况。

②苗圃土地利用档案。以作业区为单位，主要记载各作业区的面积、苗木种类、育苗方法、整地、改良土壤、灌溉、施肥、除草、病虫害防治以及苗木生长质量等基本情况。

③苗圃作业档案。以天为单位，主要记载每日进行的各项生产活动、劳力、机械工具、能源、肥料、农药等使用情况。

④育苗技术措施档案。以植物种、品种为单位，主要记载各种苗木从种子、插条、接穗等繁殖材料的处理开始，直到起苗、假植、贮藏、包装、出圃等育苗技术操作的全过程。

⑤苗木生长发育调查档案。以年度为单位，定期采用随机抽样法进行调查，主要记载苗木生长发育情况。

⑥气象观测档案。以天为单位，主要记载苗圃所在地每日的日照长度、温度、降水、风向、风力等气象情况。苗圃可自设气象观测站，也可抄录当地气象台的观测资料。

⑦科学试验档案。以试验项目为单位，主要记载试验的目的、试验设计、试验方法、试验结果、结果分析、年度总结以及项目完成的总结报告等。

⑧苗木销售档案。主要记载各年度销售苗木的种类、规格、数量、价格、日期、购苗单位及用途等情况。

实训操作

工作　园艺植物苗圃地参观

一、工作目的

通过参观苗圃，信息搜集、处理，了解苗圃地的选择要求及苗圃地区划。

二、工作准备

校外地栽苗圃地。

三、任务实施

在技术员或带教教师的指导下参观苗圃地。学生分组讨论，收集相关资料，了解和掌握苗圃的相关理论知识、建立苗圃的条件和要求以及苗圃的规划、区划方法。

四、任务结果

苗圃调研报告一份，绘制苗圃区划图。

五、任务考核

（1）学生分组提交产品：苗圃调研报告，苗圃区划图。

（2）教师或各小组代表多方现场对产品质量、实训工作态度进行评价。

（3）完成实训报告。实训报告应包括目的、工作方案、实施步骤、技术要求与心得体会等方面内容，格式规范、字迹工整。

任务二 播种苗培育

教学目标：

掌握园艺植物常见的播种方法、播种技术和苗木管理的基本理论和基本技术。

任务提出：

结合季节条件，课内外相结合，在播种育苗的实践中掌握播种苗的生长发育规律和播种育苗技能，能按方案进行整地、播种及管理，培育健壮幼苗。

任务分析：

培育播种苗，首先，应做好播种地、种子的准备工作，选好优质种子，做好催芽、消毒准备，整好播种苗床，创造适宜的播种条件；其次，要掌握正确的播种技术，选择适宜的播种时期，确定苗木播种密度并计算出播种量，采用合适的育苗方式和播种方法；最后，要充分认识播后管理的重要性，保证种子及时整齐出苗，做好苗期温光土肥水管理工作，确保优质壮苗形成。

相关知识一 播种前的准备

1. 播前土壤处理

（1）土壤改良。深翻熟土是土壤改良的基本措施。深翻结合施入有机腐熟肥料，能有效改善土壤的结构，增加土壤中的腐殖质，相应地提高了土壤肥力，从而为根系的生长创造条件。

（2）整地。种子发芽和幼苗生长对水分、通气等要求较高，播种前应注意深翻细耙，改善土壤的结构和理化性状；施入腐熟有机肥料，增加土壤中的腐殖质，从而为根系的生长创造条件。整地的要求如下：

①细致平坦。播种地要求土地细碎，无石块和杂草根，在地表 10cm 深度内没有较大的土块，否则种子落入土块缝隙中吸收不到水分影响发芽，同时也会因发芽后的幼苗根系不能和土壤密切结合而枯死。播种地还要求平坦，有利于灌溉均匀，降水时不会因土地不平低注处积水而影响苗木生长。

②上松下实。播种地整好后，应为上松下实。上松有利于幼苗出土，减少下层土壤水分的蒸发；下实可使种子处于毛细管水能够达到的湿润土层中，以满足种子萌发时所需要的水

分。上松下实为种子萌发创造了良好的土壤环境。播种前松土的深度不宜过深，土壤过于疏松时，应进行适当的镇压。

（3）土壤消毒。播种前土壤消毒处理，有利于减少土壤的病菌和地下害虫，并注意轮作，避免连作引起病虫害蔓延。土壤常用的消毒方法有：

①高温消毒。以前我国一般采用烧土法。在露地苗床上，铺上干草点燃，可消灭表土中的病菌、害虫和虫卵，翻耕后还能增加一部分钾肥。由于烧土会影响环境空气质量，现多不采用。可用高温蒸汽机将 70～80℃ 的水蒸气通入土壤，密闭保持 30min，既可杀死土壤线虫和病原物，又能较好地保留有益菌。

②药剂消毒。常用的有 40％ 的甲醛溶液（福尔马林）、石灰粉、硫酸亚铁、硫黄粉、五氯硝基苯、辛硫磷、代森锌、多菌灵、敌磺钠、甲霜灵、棉隆颗粒剂等，按一定比例施入土壤中。施药后要过 7～15d 才能播种，此期间可松土 1～2 次。

2. 播前种子处理

播种前进行种子处理是为了提高种子的场圃发芽率，使出苗整齐、幼苗健壮，同时缩短育苗期，提高苗木的产量和质量。

（1）种子精选。播种前按种粒的大小加以分级，分别播种，使出苗整齐，便于管理。种子精选一般使用水选、筛选、风选等方法。现在商品化种子出售前已进行精选处理。

（2）种子晾晒。利用阳光曝晒种子，具有促进种子后熟和酶的活动、降低种子内抑制发芽物质含量、提高发芽率和杀菌等作用。

（3）种子消毒。播种前对种子进行消毒，既可杀死种子本身所带病菌和害虫，使种子在土壤中免遭病虫的危害，又能预防保护。一般采用药剂拌种或浸种的方法。常用的消毒剂有以下几种：

①硫酸铜、高锰酸钾溶液浸种。可用 0.3％～1％ 的硫酸铜溶液浸种 4～6h；若用高锰酸钾消毒，则用 0.5％ 的溶液浸种 2h，或用 5％ 溶液浸种 30min，然后用清水冲净后沙藏。但对催过芽的种子以及胚根已突破种皮的种子，不能用高锰酸钾消毒。

②甲醛（福尔马林）浸种。在播种前 1～2h，用 0.15％ 的甲醛溶液浸种 15～30min，取出后密闭 2h，再将种子摊开阴干即可播种。消毒后的种子应马上播种，否则会影响发芽率和发芽势。长期沙藏的种子不宜用甲醛消毒。

③药剂拌种。可用赛力散（磷酸乙基汞）、西力生（氯化乙基汞）拌种。一般于播种前 20d 进行拌种，每千克种子用药 2g，拌种后密封贮藏，20d 后进行播种，既有消毒作用也起防护作用。五氯硝基苯混合剂（五氯硝基苯和敌磺钠以 3∶1）结合播种施用于土壤，对防止松柏类树种的立枯病有较好效果。

④石灰水浸种。用 1％～2％ 的石灰水浸种 24～36h，有较好的灭菌效果。

⑤温水浸种。用 40～60℃ 的温水浸种，用水量为种子体积 2 倍，该法适用种皮厚、坚硬的种子。

（4）催芽。催芽是以人为的方法，打破种子的休眠，促使其部分种子露出胚根或咧嘴的处理方法。常用的种子催芽方法有以下几种：

①层积处理。把种子与湿润物混合或分层放置，促进其达到发芽程度的方法称为层积催芽。层积催芽的方法广泛地应用于生产上。

层积催芽的方法：处理种子多时可在室外挖坑。一般选择地势高燥排水良好的地方，坑的宽度以 1m 为好，长度随种子的多少而定，深度一般在地下水位以上、冻层以下，由于各地的气候条件不同，可根据当地的实际情况而定。坑底铺一些河卵石，其上铺 10cm 的细沙，干种子要事先浸种、消毒，然后将种子与湿沙按 1：3 的比例混合或者一层种子、一层沙子放入坑内（注意沙子的湿度要合适，以手捏成团不滴水为宜），当沙与种子的混合物放至距坑沿 10～20cm 时为止。然后盖上沙子，最后用土培成屋脊形，坑的两侧各挖一条排水沟。在坑中央直通到种子底层放一秸秆或木制通气孔，以流通空气。如果种子多，种坑很长，可隔一定距离放一个通气孔，以便检查种子坑的温度。

层积催芽的日数随着树种的不同而异。层积期间定期检查种子坑内温度、湿度，注意防霉烂、过干或过早发芽。发现种子霉烂时，应取种换坑。层积温度大多在 1～10℃，以 2～7℃为最适宜，而有效的低温一般在－5℃，有效的最高温度为 17℃，在此温度范围贮藏则种子常不发芽而转入被迫休眠。如果温度过高，微生物的活动加剧，不适宜种子贮藏；如果温度过低，种子易发生冻害。当有 30% 的种子裂嘴时即可播种。

②机械破皮。用刀、锉或沙子磨损种皮、种壳，增加种子的吸水、透气能力。机械处理后还需浸水或沙藏才能达到催芽的目的。

③化学处理。有些种壳坚硬或种皮有蜡质的种子如山楂、酸枣及花椒等，可浸入有腐蚀性的酸或碱溶液中，经过短时间的处理，使种皮变薄、蜡质消除、透性增加，利于萌芽。还可用微量元素、植物激素等浸种，打破种子休眠，促进种子萌发。在处理后，应及时用清水冲洗，以免产生药害。

④浸种催芽。水浸泡种子可促使种皮变软，种子吸水膨胀，促进种子萌发。这种方法适用于大多数树种的种子。水浸种时的水温和浸泡时间是重要条件，树种不同，浸种水温差异很大。有凉水（25～30℃）浸种、温水（55℃）浸种、热水（70～75℃）浸种和变温（90～100℃，20℃以下）浸种等。热水浸种和变温浸种适用于有厚硬壳的种子，如核桃、山桃、山杏、山楂、油松等，可将种子在开水中浸泡数秒，再在流水中浸泡 2～3d，待种壳一半裂口时播种，但切勿烫伤种胚。一般浸种时种子与水的容积比以 1：3 为宜，浸种时间一般为1～2d。种皮薄的小粒种子缩短为几个小时，种（果）皮厚的坚硬的如核桃为 5～7d，浸种时每天换水 1 次，水温保持在 20～30℃。经过水浸的种子，捞出放在温暖的地方催芽，每天要淘洗种子 2～3 次，直到种子发芽为止。也可以用沙藏层积催芽。

催芽过程的技术关键是保持充足的氧气和饱和空气相对湿度，以及为各类种子的发芽提供适宜温度。保水可采用多层潮湿的纱布、麻袋布、毛巾等包裹种子。可用火炕、地热线和电热毯等维持所需的温度，一般要求 18～25℃。

相关知识二　育苗方式

育苗方式可分为苗床育苗和大田育苗两种。

1. 苗床育苗

苗床育苗在生产上应用很广。苗床育苗具有缩短大田管理时间、提高土地利用率等优点，同时可利用大棚等设施创造防寒、保温、避雨、降温等适合的生长环境条件，便于集中管理培育壮苗，节省用种量，秧苗便于异地运输。有些生长缓慢、需要细心管理的小粒种子以及量少或珍贵种类的种子，一般采用苗床播种。常用的苗床分为高床和低床两种：

（1）高床。床面高于步道的苗床称为高床，一般床面高于地面 15～30cm，床面宽100～

120cm，步道宽度为 40～50cm，苗床长度根据圃地的实际情况而定。高床排水良好，肥土层增厚，并便于灌水及侧方排水，适用于我国南方多雨地区、黏重土壤易积水或地势较低、条件差的地区。

（2）低床。床面低于步道的苗床称为低床，一般床面低于步道 15～20cm，床面宽100～120cm，步道（床梗）宽 30～40cm。低床便于灌溉、保湿，适用于温度不足和干旱地区育苗。我国华北、西北干旱少雨地区多采用低床育苗。

2. 大田育苗

大田育苗又称为农田式育苗，不做苗床，将种子直接播于圃地。优点是便于机械化生产，工作效率高，节省人力。大田育苗分为平作和垄作两种：

（1）平作。在土地整平后即播种，一般采用多行带播，能提高土地利用率和单位面积的苗木产量，便于机械化作业，但灌溉不便，宜采用喷灌。

（2）垄作。目前使用高垄较多。一般要求垄底宽度 60～80cm，垄高 20～50cm，垄顶宽度 20～25cm（双行播种宽度可达 45cm），垄长根据地形而定，一般为 20～25m，最长不应超过 50m。垄作具有高床的优点，同时节约用地。由于株行距大，光照通风条件好，苗木生长健壮而整齐，可降低成本，提高苗木质量，但苗木产量略低。

相关知识三　播种育苗

1. 播种期确定

播种期主要根据种子的特性和育苗地的气候特点、土壤条件和耕作制度等因素来确定，如果是在保护地育苗则全年可播种，不受季节限制。

确定播种时期是育苗工作的重要环节之一。播种时期直接影响到苗木的产量、幼苗对环境条件的适应能力、土地的利用效率、苗木的养护管理措施以及出圃年限和出圃质量。适宜的播种时期能促进种子提早发芽，发芽率和发芽势提高，苗木健壮，抗性强，管理简便。

（1）春季播种。绝大多数园艺植物都可在春季播种，春季是主要播种季节。春播时间宜早不宜晚，以幼苗出土后不受晚霜和低温的危害为前提。实践证明，春季早播木本类植物可增加生长时间，使出苗早且整齐，生长健壮。在炎热的夏季到来之前苗木可木质化，增加抗病、抗旱的能力，提高苗木的产量和质量。

春播的具体时间因各地气候条件而异，南方以 2～4 月为宜，北方在土地解冻后进行。

（2）秋季播种。秋季是一个重要的播种季节，多数木本类园艺植物种子都可以在秋季播种，特别是一些休眠期比较长的如板栗、山桃、山杏等大粒种子或种皮坚硬、发芽较慢的种子，而种粒很小、含水量大而易受冻害的种子不宜秋播。

秋播可使种子在圃中通过休眠期，完成播种前的催芽阶段，翌春幼苗出土早而整齐，幼苗生长健壮，成苗率高，增加抗寒能力，节省种子的贮藏和催芽的工作。种子在土壤时间长，易遭受鸟兽危害，播种量比春播要多。秋播翌春出苗早，要注意防止晚霜的危害。

适宜秋播的地区很广，特别是华北、西北、东北等春季短而干旱且有风沙的地区更宜秋播。秋播的时间，依树种的生物学特性和当地的气候条件的不同而异，南方在 9 月下旬至 10 月上旬；北方较早，在 9 月上旬至中旬。对长期休眠的种子应适当早播，可随采随播；一般树种秋播时间不可过早，多于晚秋进行，以防播后当年秋季种子发芽，幼苗冬季遭受冻害。

（3）夏季播种。在春夏成熟而又不宜久藏或者生活力较差的种子，如桑、枇杷等，一般在种子成熟后随采随播。夏季气温高，土壤水分易蒸发，表土干燥，不利于种子的发芽，可在雨前进行播种或播后灌一次透水，这样浇透底水有利于种子的发芽。同时播后要加强管理，适时灌水，保持土壤湿润，降低地表温度，促进幼苗生长。播种后的遮阴和保湿工作是育苗能否成功的关键。

夏季蔬菜育苗的播种期的确定应综合考虑种植方式、气候特点、蔬菜种类和所选用的品种。夏季由于温度高，幼苗生长发育快，育苗时期较秋冬蔬菜育苗时间短，瓜类蔬菜只需要15～20d，茄果类蔬菜30～35d，甘蓝类蔬菜的苗龄为25～30d。

（4）冬季播种。在我国南方，冬季气候温暖雨量充沛，适宜冬播。

2. 播种量确定

（1）苗木的密度。苗木的密度是指单位面积（或单位长度）苗木的数量。要实现苗木的优质高产，必须在保证每株生长发育健壮的基础上获得单位面积（或单位长度）上最大限度的产苗量。密度过大，则营养面积不足，通风不良，光照不足，使光合作用的产物减少，影响苗木的生长；密度过小，不但影响单位面积的产苗量，而且由于苗木稀少，苗间空地过大，土地利用率低，易孳生杂草，同时增加了土壤中水分、养分的损耗，不便于管理。因此，苗木的密度对保证苗木的产量和质量、苗圃的生产率和经济效益起着相当重要的作用。

确定苗木的播种密度要依据树种的生物学特性、生长的快慢、圃地的环境条件、育苗的年限以及育苗的技术要求进行综合考虑，对生长快、生长量大、所需营养面积大的树种应稀一些，如山桃等。幼苗生长缓慢的树种可播密一些，对于播种一年后移植的树种可密；而直接用于嫁接的砧木宜稀，以便于嫁接时的操作。苗木密度的大小取决于株行距，尤其是行距的大小，行距过小不利于通风透光，不便于管理（如机械化操作）。播种苗床的一般行距为20cm左右；大田育苗一般行距为50cm左右。

（2）播种量确定。播种量是指单位面积或长度上播种种子质量。适宜的播种量既不浪费种子，又有利于提高苗木的产量和质量。播种量过大，浪费种子，间苗也费工，苗木拥挤并竞争营养，易感病虫，苗木质量下降；播种量过小，产苗量低，易长杂草，管理费工，也浪费土地。

计算播种量的公式是：

$$X = CAW / (PG \times 1\,000^2)$$

式中，X——单位面积或长度上育苗所需的播种量（kg）；

A——单位面积或长度上产苗数量（株）；

W——种子千粒重（g）；

P——种子的净度（%）；

G——种子发芽率（%）；

C——损耗系数。

损耗系数因自然条件、圃地条件、树种、种粒大小和育苗技术水平而异。一般认为，种粒越小，损耗越大，如大粒种子（千粒重在700g以上），$C=1$；中小粒种子（千粒重在300～700g），$1 < C < 5$；极小粒种子（千粒重在3g以下），$10 < C < 20$。

例如，生产一年生毛桃播种苗 $1hm^2$，每平方米计划产苗50株，种子纯度95%，发芽率90%，千粒重4 000g，其所需播种量为：

$X=CAW/（PG\times1\,000^2）=1\times50\times4\,000/（0.95\times0.90\times1\,000^2）=0.233\,9（kg）$

采用床播 1hm² 的有效作业面积约为 6 000m²，则 1hm² 播种量为：$0.233\,9\times6\,000=$ 1 403.5（kg）。

这是计算出的理论数值，从生产实际出发还应加上一定的损耗，如 $C=1.5$，则生产 1hm² 毛桃播种苗共需用种子 2 105kg 左右。

垄作的计算方法：

$$X=100Ln/B$$

式中，X——每公顷播种行总长度（m）；

L——每垄长度（100m）；

n——每垄行数；

B——垄宽（m）。

床作的计算方法：

$$X=100^2KC/（K+B）/（C+B）G$$

式中，X——每公顷苗床播种行总长度（m）；

K——苗床宽度（m）；

C——苗床长度（m）；

B——步道宽度（m）；

G——行距（m）。

3. 播种方法

生产上常用的播种方法有撒播、点播和条播。

（1）撒播。将种子均匀地撒于苗床上称为撒播。适用于极小粒种子。撒播单位面积出苗率高，利用土地充分，缺点是用种量大、间苗费工、通风透光差、抚育管理不方便。为使播种均匀，可在种子里掺入适量细沙。撒播后轻耙或用筛过的土覆盖，以稍埋住种子为度。

（2）点播。按一定的株行距挖穴或先按行距开沟后，再在沟内按一定株距逐粒播种，称为点播。适用于大粒种子。该方法苗分布均匀，营养面积大，生长快，成苗质量好，但产苗量少。

（3）条播。用条播器在苗床上按一定距离开沟，将种子均匀地撒在播种沟内，称为条播。条播的行距和播种沟的宽度（播幅），因苗木的生长速度、培育年限、自然条件和管理水平而定。条播比撒播省种子，且行间距较大，便于抚育管理及机械化作业，同时苗木生长良好，起苗也方便。条播克服撒播和点播的缺点，适宜大多数种子。

4. 播种深度及覆土

播种的深度也是覆土的厚度。播种深度依种子大小、种子的发芽势、发芽方式、气候条件和土壤性质等因素而定，一般覆土深度为种子直径的 2～3 倍，大粒种子可稍厚些，小粒种子宜薄，以不见种子为度，微粒种子也可不覆土，播种覆土后，稍压实，使种子与土壤紧密接触，便于吸收水分，有利于种子萌发。此外，播种深度要均匀一致，否则幼苗出土参差不齐，影响苗木质量。

5. 播种工序

播种工序包括划线、开沟、播种、覆土、镇压、覆盖等环节。这些工作的质量和配合的好坏，直接影响播种后种子的发芽率、发芽势以及苗木生长的质量。

（1）划线。播种前根据行距划线定出播种位置，目的是使播种行通直，便于抚育和起苗。

（2）开沟与播种。开沟与播种两项工作必须紧密结合，开沟后应立即播种，以防播种沟干燥，影响种子发芽。播种沟的深度与覆土厚度相同。开沟要求沟底平，开沟宽窄深浅一致。播种前，沟底应镇压，以促使毛细管水上升，保证种子发芽所需的水分，在下种时一定要使种子分布均匀。对小粒、极小粒种子（如瓜叶菊、四季海棠等）可不开沟，混沙直接撒种，在同一苗床上可分数次反复撒播，保证播种均匀。

（3）覆土。为了保证种子能得到发芽所需的水分、温度和通气条件，避免风吹、日晒、鸟兽等的危害，播后应立即覆土。一般覆土厚度以种子直径的2～3倍为宜。还应根据种子发芽特性、气候、土壤条件、播种期和管理技术而定。通常带子叶出土的树种覆土薄，黏重土壤覆土薄，春、夏季播种的覆土宜薄，灌溉和管理技术条件好的覆土厚一些。覆土不仅要厚度适当，而且要求均匀一致，否则会造成出苗不齐，影响苗木的产量和质量。一般覆土采用疏松的苗床土、细沙或腐殖质土、锯末、充分腐熟的马粪等，以有利于幼苗出土为原则。

（4）镇压。为了使土壤和种子紧密结合，使种子在发芽过程中充分利用毛细管水，在气候干旱和土壤疏松的情况下，覆土后要进行镇压，但在黏土地区或土壤过湿时，不宜镇压，以免土壤板结，不利于幼苗出土。

（5）覆盖。播种后覆盖薄膜或干草秸秆等，可以防止地表板结，有利于保墒、保温，促进种子发芽，提高种子发芽率。特别在干旱地区效果更为明显。

相关知识四　播种苗的培育管理

1. 播种苗生长发育的特点

播种苗从播种开始到生长进入休眠期的年生长发育过程中，由于各个阶段的生长发育特点不同，对环境条件的要求也不相同。根据一年生播种苗各时期的特点，可将播种苗的第一个生长周期划分为出苗期、幼苗期、速生期和硬化期4个时期。

（1）出苗期。出苗期是从播种至幼苗出土，地上部出现真叶，地下部出现侧根，并能独立进行营养时为止。

播种后种子开始在土壤中吸水膨胀，酶的活性增强，在酶的作用下，种子内贮藏的物质进行转化，分解为种胚可利用的简单有机物质。一般胚根先长，突破种皮，形成主根扎入土层，然后随着胚轴的伸长，幼芽逐渐出土，形成幼苗。在这个时期幼苗主要靠种子中贮藏的营养物质进行生长。

此时期影响种子发芽和幼苗生长的外界环境因子主要是土壤水分、温度、土壤的通透性及覆土厚度等。土壤水分不足，会推迟种子的发芽期，甚至不能发芽；土壤水分过多，会造成土壤通气不良，使种子不能正常发育和进行代谢，甚至造成种子腐烂。温度也直接影响种子萌发，温度过低，种胚生长缓慢，出土时间延长。多数树种种子发芽的适宜温度为20～25℃。土壤疏松或坚实和细碎的程度及覆土厚薄等，也是影响种子发芽出土速度的重要因素。

这一时期育苗的工作任务是满足种子发芽和幼苗出土所需的环境条件，促进种子迅速萌发，使幼苗出土整齐、健壮。种子做好播种前催芽，适时播种，下种均匀，覆土厚度适宜，注意调节土壤温度、湿度、通气状况，为种子发芽创造良好的条件。

（2）幼苗期。幼苗期是从幼苗出土后能够进行光合作用，自行制造营养物质开始，至苗木开始旺盛生长前为止。

这个时期地下部分生出侧根形成根系，但根系分布较浅，对不良环境的抵抗能力差，易受害而死亡；地上部分长出真叶，幼苗能独立地制造营养物质。此时幼苗的尚生长缓慢，主要是根系生长。

此时期影响幼苗生长的主要环境因子是水分、温度、光照以及养分条件等，其中水分是决定幼苗成活的关键。幼苗的根系分布较浅，水分不足则对幼苗危害极为严重。温度的高低对幼苗的生长发育也有很大影响，如温度过低，幼苗生长缓慢；温度过高，又会引起苗茎灼伤。光照是幼苗进行光合作用的主要条件，如光照不足，幼苗生长纤细，直接影响苗木的质量。

这一时期苗木抚育的主要工作任务是加强松土、除草，适当地灌溉，适量间苗，合理追肥，注意防治病虫害和进行必要的遮阴。提高幼苗保存率，促进根系生长，为苗木的生长发育打下良好的基础。

（3）速生期。速生期是从苗木开始旺盛生长、生长量大幅度上升时起，至苗木高生长量大幅度下降时为止，是幼苗生长最旺盛的时期。

此时苗木的生长速度最快，生长量最大，高生长显著加快，叶子的面积和数量都迅速增加，直径增长加快。地上部分和根系的生长量都是全年最多的时期，这是多数树种的共同规律，这个阶段基本上决定了苗木的质量。大部分树种的速生期从6月中旬开始至8月底、9月初，一般为70d左右。

此时期影响苗木生长的主要环境因子是土壤水分、养分和温度等。

这一时期育苗的工作任务是加强对苗木的抚育管理，以水、肥管理为主，结合除草、松土、防虫治病等育苗技术，促使幼苗迅速而健壮地生长，是提高苗木质量的关键。但在速生期的后期应适时停止施氮肥，追施磷、钾肥，使幼苗在停止生长前就充分木质化，有利于越冬。

（4）硬化期。硬化期是从苗木生长量大幅度下降开始至苗木进入休眠期为止，这一时期苗木即将停止生长，又称为生长后期。

此时苗木生长逐渐缓慢，最后停止生长，进入休眠。苗木逐渐木质化并形成健壮的顶芽，体内的营养物质进入贮藏状态。硬化期的前期，地径和根系在继续生长，而且各出现一次生长高峰。

此时期影响苗木生长的主要环境因子是水肥条件。

这个时期育苗的工作任务是要防止幼苗徒长，促进苗木木质化，以提高越冬能力。停止一切促进苗木生长的措施，如施肥、灌水等，对一些树种要注意做好防寒工作。

上述一年生播种苗的各个时期是根据幼苗生长发育过程中所表现的特点来划分的。各时期的长短，不仅取决于树种的特性，同时与育苗技术有密切关系。在育苗过程中应采取合理的技术措施，为苗木生长创造良好的条件，使幼苗尽早进入速生期，并健壮地生长，这对提高苗木质量有着重要意义。

2. 出苗前播种地的管理

从播种时开始至种子发芽幼苗出土为止，这期间播种地的管理工作主要有覆盖保墒、灌溉、松土、除草、防鸟兽等。

（1）覆盖保墒。播种后对播种地要进行覆盖，防止表土干燥、板结，可减少灌溉次数，并防鸟害。特别对小粒种子，覆土厚度在1cm以内的树种都应该加以覆盖。

覆盖材料应就地取材、经济实用，不能妨碍幼苗出土，以不给播种地带来病虫害和杂草种子为前提。播种后及时覆盖，在种子发芽、幼苗大部分出土后，要分期、分批将覆盖撤除，同时适当灌水，以保证苗床中的水分。覆盖材料有秸秆、竹帘、锯末、苔藓以及松树、云杉的枝条等。近年来，采用塑料薄膜较普遍，塑料薄膜不仅可以防止土壤水分蒸发，保持土壤湿润疏松，又能增加地温，促进发芽。但在使用薄膜时要注意经常检查床面的温度，当温度上升到28℃以上时，要打开薄膜通风降温。

（2）灌溉。播种后由于气候条件的影响或出苗时间较长，易造成床面干燥，妨碍种子发芽，要适当补充水分保持床面湿润。不同树种，覆土厚度不同，灌水的方法和数量也不同。在土壤水分不足及在干旱季节条件下，对覆土厚度不到2cm，又不加任何覆盖的播种地，要进行灌溉。播种中、小粒种子，最好在播前灌足底水，播后在不影响种子发芽的前提下，尽量不灌水或减少灌水次数，以防土温降低或土壤板结，如需灌溉，最好用细雾喷水，以防冲走种子。

（3）松土除草。土壤板结会降低场圃发芽率。及时松土可减少幼苗出土时的机械障碍，还可减少水分蒸发，使种子有良好的通气条件，有利于出苗。为避免杂草与幼苗争夺水分、养分，应及时进行人工除草，一般除草与松土结合进行，松土除草宜浅，以免影响种子萌发。

3. 苗期管理

苗期管理是从播种后幼苗出土，一直到冬季苗木生长结束，对苗木及土壤进行的管理，如遮阴、间苗、截根、灌溉、施肥、中耕、除草、病虫害防治等工作苗期管理的好坏直接影响苗木的质量和产量，必须根据各时期苗木生长的特点，采取相应的措施，以便苗木良好生长。

（1）遮阴。苗木幼苗期组织幼嫩，不能忍受地面高温，易日灼致死。适当遮阴可使苗木不受阳光直接照射，降温保墒，促使幼苗生长健壮。一般可用苇帘、竹帘、遮阳网等搭建活动荫棚，透光度依当地的条件和树种的不同而异，透光度以50%～80%较宜，荫棚一般高40～50cm，每日9～17时进行放帘遮阴，其他早晚弱光时间或阴天可把帘子卷起。也可采用插阴枝或间种等办法进行遮阴。

（2）间苗和补苗。间苗是齐苗后除掉过密苗和病弱苗的技术措施。如果幼苗过于拥挤，不仅生长柔弱，且易引起病虫害。一般间苗1～2次即可。间苗的时间宜早不宜迟，第一次间苗在幼苗高达5cm左右时进行，一般将密集、畸形、受病虫害或机械损伤的苗拔除，调整幼苗疏密度，有利于生长。当苗高达10cm左右时再进行第二次间苗，即为定苗。间苗的数量应按单位面积产苗量的指标进行留苗，其留苗数可比计划多5%～15%，作为损耗系数，以保证产苗计划的完成。但留苗数不宜过多，以免降低苗木质量。间苗以留匀、留齐、留良、去劣为原则。间苗后应立即浇水，填补根隙土壤。

补苗工作是补救缺苗断垄的一项措施，是弥补产苗数量不足的方法之一。补苗时期越早越好，以减少对根系的损坏。早补，成活率高，且减少后期生长与原来苗木的差别。补苗可结合间苗同时进行，最好选择阴天或傍晚，以减少强光的照射，防止萎蔫，必要时适当遮阴，保证成活。

（3）截根和幼苗移栽。截根的目的是控制主根生长，促进苗木须根生长，加速苗木生长，提高苗木质量，同时也提高移植后的成活率。适用于主根发达、侧根发育不良的树种，如核桃等。一般在幼苗长出 4～5 片真叶、苗根尚未木质化时进行截根。根据树种确定截根深度，一般为 10cm 左右，可用锐利的铁铲、斜刃铲进行。

结合间苗进行幼苗移栽，可提高土地的利用率，对珍贵或小粒种子的树种，可进行盆播，待幼苗长出 2～3 片真叶后，再按一定的株行距进行移植。幼苗移栽应选在阴天进行，移植后及时进行灌水并给以适当遮阴。

（4）中耕除草。中耕是在苗木生长期间对土壤进行的浅层耕作，可疏松表土层，减少水分蒸发，增加土壤保水、蓄水能力，促进土壤空气流通，加速微生物的活动和根系的生长发育，加速苗木生长。中耕在幼苗初期应浅些，以后可逐渐增加达 10cm 左右。中耕和除草往往结合进行。

除草工作是在苗木抚育管理工作中工作量最大、时间最长、人力投入最多的一项工作。除草以"除早、除小、除了"为原则，可人工除草、机械除草和化学除草。使用化学除草剂来消灭杂草，事先要进行小范围试验再大面积推广，以免对苗木产生药害。

（5）灌水与排水。出土后的幼苗组织嫩弱，对水分要求严格，略有缺水即发生萎蔫现象，水大又会发生烂根涝害。因此，幼苗抚育期间灌水和排水是一项重要的工作。

灌水量及灌水次数，应根据不同树种类型、土壤性质、气候季节及生长时期等具体情况来确定。质地轻的土壤如沙地，或表土浅薄、下有黏土盘的土壤，其保水保肥性差，宜少量多次灌溉，以防土壤中的营养物质随重力水淋失而使土壤更加贫瘠；黏重的土壤，其通气性和排水性不良，对根系的生长不利，灌水次数要适当减少，但灌溉的时间应适当延长，最好采用间歇方式，留有渗入期；盐碱地的灌溉量每次不宜过多，以防返碱或返盐；土层深厚的沙质壤土，一次灌水应灌透，待现干后再灌。春季干旱少雨天气，应加大灌溉量；夏季降雨集中期，应少浇或不浇。晴天风大时应比阴天无风时多浇几次。

幼苗在不同的生长时期对水的需求量也不同。生长初期，幼苗小、根系短浅，灌水量宜小，但次数应多；速生期，苗木的茎叶急剧生长，蒸腾量大，对水的吸收量也大，灌水量应大，次数要多；生长后期，苗木生长缓慢，即将进入停止生长期，正是充实组织、枝干木质化、增加抗寒能力的阶段，应抑制其生长，要减少灌水、控制水分、防止徒长。

总之，灌水要适时适量，要遵循"看天、看地、看苗"，保证植物根系集中分布层处于湿润状态。

灌水方法有漫灌、沟灌和喷灌。漫灌，耗水较多，容易造成土壤板结，灌水后应及时松土保墒。沟灌，让水流入垄沟内，浸透垄背，不要使水面淹没垄面，可防止土面板结，灌水后土壤仍保持通透性，有利于苗木生长。目前使用较多的是喷灌，优点是省水、工作效率高、灌溉均匀，对土地平整要求不高，但应注意，喷出的水点要细小，防止将幼苗砸倒、根系冲出土面或将泥土溅起，污染叶面，妨碍光合作用的进行，致使苗木窒息枯死。

灌溉用水以软水为宜，不含碱质的井水、河水、湖水、池塘水、雨水都可用来浇灌，切忌使用硬水、含盐类的水、工厂排出的废水、污水等。每次灌水的时间,春夏秋三季以早晨和傍晚为宜,冬季在中午灌水,水温过高或过低对苗木根系生长不利。

当发生暴雨或阴雨连绵造成苗区积水时,容易导致幼苗根系缺氧腐烂,需要及时排水。常见通过地表径流排水,将床面改造成一定坡度,保证雨水顺畅流走,坡度以 $0.1\% \sim 0.3\%$ 为宜。在不易实现地表径流的地段挖一定坡度的明沟来进行排水,沟底坡度以 $0.1\% \sim 0.5\%$ 为宜。有条件的还可在地下挖暗沟或铺设管道,借以排出积水。

(6)施肥。在生产上,施肥常分为基肥和追肥两大类。基肥要早,追肥要巧。基肥是在较长时间内供给植物养分的基本肥料。基肥多在整地前翻入土中,粪干或饼肥一般在播种或移植前进行沟施或穴施,也可与一些无机肥料混合施用。追肥是植物生长需肥时必须及时补充的肥料,一般无机肥为多。施用追肥的方法有土壤追肥和根外追肥。根外追肥是利用植物的叶片能吸收营养元素的特点,而采用液肥喷雾的施肥方法。在根外追肥时,应注意选择适当的浓度,一般微量元素浓度采用 $0.1\% \sim 0.2\%$。

苗圃常用的肥料种类很多,可分为有机肥和无机肥两大类:

①有机肥料。如人粪尿、绿肥、堆肥、厩肥、饼肥、泥炭、树枝、落叶、草木灰等,常作基肥用。有机肥在逐渐分解的过程中,能释放出各种营养元素,营养元素全面,属于完全肥料。它肥效长,能改善土壤的理化性状,促进土壤微生物活动,有利于植物生长。所用的有机肥要充分发酵、腐熟和消毒,以防烧坏植物根系、传播病虫害等。

②无机肥料。主要有尿素、硫铵过磷酸钙、氯化钾、硝酸钾、磷酸二氢钾、氮磷钾混合颗粒肥等,一般成分单纯、含量高、肥效快,使用方便卫生,能及时满足植物不同生长发育阶段的要求,常作追肥用。

③生物肥料。在土壤中有一些与植物共生的微生物,能供给植物所需的营养元素,刺激植物生长,如根瘤菌剂、固氮菌剂、磷化菌剂等。

对不同苗木的种类、不同的生长时期,所需肥料的种类和肥量差异很大。在速生期,苗木的对氮的吸收比磷、钾都多,所以应施大量氮肥;在秋初以后,停止施氮肥,增施磷、钾肥,增加细胞浓度,提高抗寒性,有利于安全越冬。

(7)病虫害防治。贯彻"预防为主、综合防治"和"治早、治小、治了"的原则,加强调查研究,搞好虫情调查预报工作,及时防治。具体的防治措施有以下几种:

①栽培措施。实行秋耕和轮作;选用适宜的播种时期;做好播种前的种子处理和土壤消毒处理工作等。合理施肥,精心培育,使苗木生长健壮,可提高对病虫害的抵抗能力。施用腐熟的有机肥,以防病虫害及杂草的孳生。

②药剂防治。苗木的苗期病虫害常见的有猝倒病、立枯病、锈病、褐斑病、腐烂病、枯萎病等,虫害主要有根部害虫、茎部害虫、叶部害虫等,当发现后要用杀菌杀虫剂药物防治。

③生物防治。利用病虫的天敌、有益寄生菌来防治害虫,如用大红瓢虫可有效地消灭苗木中的吹绵蚧壳虫,效果很好。

(8)越寒防冻。冬季气候寒冷,春季气温剧变,对于组织幼嫩、木质化程度低的苗木容易遭受冻害,幼苗出土或萌芽时,也最易受晚霜的危害,要注意苗木的防冻。可用稻草或落叶等把幼苗覆盖,翌春撤除覆盖物;或入冬前灌足冻水,增加土壤湿度,可有效防止冻害。

实训操作

工作一　一串红播种育苗

一、工作目的

掌握露地播种育苗技术。

二、工作准备

一串红种子若干、整好的苗床、喷水壶、塑料薄膜等。

三、任务实施

学生分组讨论，确定操作程序及分工；在技术员或带教教师的指导下实施操作。

操作步骤及要求：

（1）选种。一串红种子千粒重3～4g，种子黑色，寿命3～4年。

（2）播种前准备。一串红幼苗对土壤要求较严，需用疏松肥沃的营养土过筛、消毒后方可装入苗床。用喷壶浇透底水。

（3）播种。撒播种子，用种量为20～25g/m²，播后覆1cm细土，必要时覆盖塑料薄膜保湿保温。

（4）播后管理。控制地温22～25℃，5～6d出苗，出苗后揭膜，将地温降至20～22℃。出苗缓苗期间控制白天气温为25～30℃，夜间为18～20℃。植前5～7d夜间降温到5℃左右。

当出现2对真叶时分苗，先按4cm×3cm的营养面积移植1次，当苗生长到将要互相拥挤时，移入直径8cm左右的容器里培育成现蕾的大苗。

一串红喜光，整个育苗期应尽量保持强光照射，促进营养生长。一串红幼苗对水分适应范围较窄，要适时适量浇水，苗期不能过分控水，尤其是籽苗期，否则易形成小老苗；也不能水分过多，否则叶片易落。空气湿度为60%～70%时最适宜幼苗生长，在定植前1周适当控制浇水，以增强定植后的抗性。

四、任务结果

4对真叶、健壮的一串红播种苗。

五、任务考核

（1）学生分组提交产品：一串红播种苗。

（2）教师或各小组代表多方现场对产品质量、实训工作态度进行评价。

（3）完成实训报告。实训报告应包括目的、工作方案、实施步骤、技术要求与心得体会等方面内容，格式规范、字迹工整。

工作二　番茄播种育苗

一、工作目的

掌握设施播种育苗技术。

二、工作准备

番茄种子若干、设施苗床、喷水壶、塑料薄膜等。

三、任务实施

学生分组讨论，确定操作程序及分工；在技术员或带教教师的指导下实施操作。

操作步骤及要求：

（1）品种选择。番茄早熟栽培一般选用自封顶、早熟、耐低温和弱光、抗病的品种。

（2）苗床准备。选择近两年未种过茄科蔬菜的地块进行育苗，要求排水良好，土层较厚，土质肥沃，有机质含量较高，pH中性左右。

番茄冬春育苗重点在于防寒保温、通风透光，一般应选用塑料大棚、温室等设施，以确保冬春育苗的成功。如温度过低，可采用电加温线加温。

（3）播种基质准备。营养土一般由肥沃菜园土、堆厩肥、栏粪、炭化谷壳、草木灰等组成。园土是培养土的主要成分，占30%～50%；堆厩肥等是主要的营养源，占培养土20%～30%；炭化谷壳或草木灰占培养土的20%～30%，能增加培养土的钾含量，使其疏松透气，并提高pH。还可加少量过磷酸钙，必要时加适量石灰调节酸碱度。

营养土消毒可用有甲醛消毒。一般1 000kg培养土，用甲醛药液200～300mL，加水25～30kg，喷洒后充分拌匀堆置，并覆上一层塑料薄膜闷闭2～3d，揭膜6～7d待药气散尽即可使用。

（4）苗床准备。苗床畦面整平后，在播种前1周即可铺设培养土，厚度为6～8cm，要求厚度均匀一致，床面平整。

（5）种子处理。在生产中一般采用温汤浸种后，再药液浸种，以防治番茄早疫病、病毒病等病害。

番茄种子催芽的温度为25～28℃，番茄种子经2～3d即可完成催芽。

（6）播种。播种期根据生产计划、当地气候条件、育苗设施、品种特性等具体情况而定，长江流域播种时间一般在12月至1月上旬。

播种前半天或1d要将苗床浇透，使水分下渗10cm左右，即除渗透培养土外，苗床本土还要下渗2～4cm。播种时应将湿润种子拌些干细土，并采取来回撒播，即可播得均匀。播种后要撒一薄层盖籽营养土，并及时覆盖地膜保温。春番茄每10m² 苗床播种50～75g，可满足1 000～2 000m² 大田之用。秧苗二叶一心时进行分苗。分苗可将秧苗直接定入营养苗钵或营养土块，每个大棚可育大苗1.6万～1.7万株。

（7）苗床管理。从播种到子叶微展即为出苗期，约需3d，此时温度控制以22～24℃为适，白天可升至25～26℃，夜间可降至20℃左右。从子叶微展到第一片真叶展出即为破心期，4d左右。此时注意控温控水以促进长根。白天控制在16～18℃，夜间为12～14℃。遇秧苗拥挤时应间苗。幼苗破心后生长加快即进入旺盛生长期。此时应保证适宜的温度、较强的光照、充足的水分和养分。控制昼/夜气温为 20～24℃/14～15℃；昼/夜地温为 16～18℃/12～14℃。每隔 1d 喷水 1 次，以维持床土湿润。在床土缺肥的情况下，可结合浇水喷 2～3 次营养液，营养液应注意氮、磷、钾三要素的配合，三者的总浓度不要超过 0.2％，营养生长与生殖生长协调。定植前 3、4d 即可进入炼苗期。主要是采取控温措施，包括控湿降温、揭除覆盖物等。

四、任务结果

株高 15～18cm，茎粗 4.5mm，6～7 片真叶，苗龄 50～60d 的番茄播种苗。

五、任务考核

（1）学生分组提交产品：番茄播种苗。

（2）教师或各小组代表多方现场对产品质量、实训工作态度进行评价。

（3）完成实训报告。实训报告应包括目的、工作方案、实施步骤、技术要求与心得体会等方面内容，格式规范、字迹工整。

任务三　扦插苗培育

教学目标：

了解各种扦插方法，掌握扦插育苗技术。

任务提出：

能培育扦插苗。

任务分析：

扦插育苗技术中，插条的选取、基质的准备及插后的管理是重点。

相关知识一　扦插成活的原理

1. 扦插繁殖的特点

扦插繁殖是利用离体的植物营养器官，如根、茎、叶、芽等的一部分，在一定条件下插入土、沙或其他基质中，经过人工培育使之发育成完整的新植株的繁殖方法。通过扦插繁殖所得的苗木称为扦插苗。其方法简单，繁殖系数较高，在短时间内能育成大量的幼苗；生长快，开花早；保持品种的优良性状，是营养繁殖育苗的最主要方法。

2. 扦插成活的原理

扦插成活的原理主要基于植物营养器官具有再生能力，可发生不定芽和不定根，从而形成新植株。插穗不定根形成的部位因植物种类而异，通常可分为 3 种类型：皮部生根型、愈伤组织生根型、混合生根型。

凡是扦插成活容易、生根较快的植物，其生根类型大多是皮部生根；但凡扦插成活较困难、生根较慢的植物，其生根类型大多属于愈伤组织生根类型。但皮部生根植物并不意味着愈伤组织不生根，而是以前者为主；反之亦然。在皮部生根类型与愈伤组织生根类型之间还有两者混合生根类型。

相关知识二　扦插床与基质的准备

1. 扦插床的类型

（1）温室插床。在温室内设地面插床或台面插床，有加温、通风、遮阳降温及喷水条件，可常年扦插使用。根据温室面积以南北向作床面，床面长依据温室大小而定，一般10m左右，宽1.0～1.2m，下挖深度0.5m，其上铺硬质网状支撑物及扦插基质。这种插床保温保湿效果好，生根快。

也可采用台面插床，南北走向，离地面0.5m处用砖砌成宽1.2～1.5m培养槽状，床面留有排水孔，利于下部通风透气，生根快而多。

（2）全光照喷雾扦插。一种自动控制扦插床，利用这种设备可加速扦插生根，成活率大大提高。插床底装有电热线及自动控制仪器，使扦插床保持一定温度。插床上还装有自动喷雾的装置，由电磁阀控制，按要求进行间歇喷雾，增加叶面湿度，降低温度，降低蒸发和呼吸作用。插床上不加任何覆盖，充分利用太阳光照进行光合作用。

2. 扦插基质

扦插基质种类很多。作为扦插的材料，应具有保温、保湿、疏松、透气、洁净、酸碱度适中、成本低、便于运输等特点，常用基质的有蛭石、珍珠岩、砻糠灰、沙等。

相关知识三　插穗的采集与处理

在生产中以枝插应用最为广泛，其次是根插，还可叶插。

在扦插繁殖中，插穗剪截的长短对成活率有一定影响。一般来讲，草本插穗长7～10cm，落叶休眠枝长15～20cm，常绿阔叶树枝长10～15cm。插穗的切口，上切口应为平面，距最上面一个芽1cm为宜。如果太短，上部易干枯，影响发芽；太长，切口不易愈合。下切口可剪削成斜切或平切，切口一般在芽节附近，因该部位薄壁细胞多，易形成愈合组织和生根。一般易生根和嫩枝为平切，生根均匀，伤口小，可减少腐烂；生根较困难的，采用斜切或双面斜切，可增加切口与土壤的接触面，利于水分和养分的吸收，但易形成偏根。注意切口整齐，不带毛刺。扦插时还要注意插穗的极性，上下勿颠倒。

1. 枝插

采用植物枝条作插穗的扦插方法称为枝插。根据生长季节分为硬枝插、绿枝插和嫩枝插。

（1）硬枝插。在休眠期用完全木质化的一、二年生枝条作插穗的扦插方法。

在秋季落叶后或者翌年萌芽前采集生长充实健壮（节间短而粗壮）、无病虫害的枝条，选中段有饱满芽部分，剪成约15cm的小段，每段3～5个芽。上剪口在芽上方1cm左右，下剪口在基部芽下约0.3cm，下剪口削成斜面。插床基质为壤土或沙壤土。开沟将插穗斜埋于基质中成垄形，覆盖顶部芽，喷水压实。

有些难以扦插成活的可采用加石插、泥球插、带踵插和锤形插等方法。

（2）绿枝插。在生长期用半木质化带叶片的绿枝作插穗的扦插方法。

花谢1周左右，选取腋芽饱满、叶片发育正常、无病虫害的枝条，剪成10～15cm的枝段，每段3～5个芽，上剪口在芽上方1cm左右，下剪口在基部芽下0.3cm左右，切面要平滑。枝条上部保留2～3枚叶片，以利光合作用，叶片较大的可适当剪去一半。插穗插入前可先用与插条粗细相当的木棒插一孔洞，避免插穗基部插入时磨破皮层。插穗插入基质约1/2或2/3，喷水压实，如月季、大叶黄杨、小叶黄杨、女贞、桂花等。

仙人掌及多肉多浆植物，剪枝后应放在阴凉通风处几天，待伤口干燥稍愈合后再扦插，否则易引起腐烂。

（3）嫩枝插。在生长期采用枝条端部的嫩枝作插穗的扦插方法。

在生长旺盛期，大多数的草本花卉生长快，剪取5～10cm长的幼嫩茎，基部削面平滑，插入用木棒插过有孔洞的蛭石或河沙基质中，喷水压实。亦可采用全光照喷雾扦插，如菊花、一串红、石竹等草本花卉。

2. 叶插

采用植物的叶片或者叶柄作插穗的扦插方法，称为叶插。

（1）叶片插。用于叶脉发达易生根的植物，包括全叶插或片叶插。

蟆叶秋海棠平插时，先剪除叶柄，叶片边缘过薄处亦可适当剪去一部分，以减少水分蒸发。将叶片上的主脉和较大的支脉，每间隔约2cm长切断一处，切口深为叶脉的2/3或深达上皮处，平铺在插床面上，使叶片与基质密切接触，一段时间后，可在主脉、支脉切伤处生根。有的植物（如落地生根）可在叶缘处生根发芽，可将叶缘与基质紧密接触，促使生根发芽。将虎尾兰一个叶片切成数块（每块上应具有一段主脉和侧脉）分别进行扦插，使每块叶片基部形成愈伤组织，再长成一个新植株。

（2）叶柄插。用易发根的叶柄作插穗。

将带叶的叶柄插入基质中，由叶柄基部发根；也可将半张叶片剪除，将叶柄斜插于基质中；橡皮树叶柄插时，将肥厚叶片卷成筒状，减少水分蒸发；大岩桐叶柄插时，叶柄基部先发生小球茎，再形成新个体。

（3）叶芽插。利用带一芽一叶作插穗的扦插方法。

取2cm长、枝上有较成熟芽（带叶片）的枝条作插穗，芽的对面略削去皮层，将插穗的枝条露出基质面，可在茎部表皮破损处愈合生根，腋芽萌发成为新植株，如橡皮树、天竺葵等。

3. 根插

结合分株将粗壮的根剪成10cm左右1段，全部埋入插床基质或顶梢露出土面，注意上下方向不可颠倒，如牡丹、芍药、月季、补血草等。某些小草本植物的根，如蓍草、宿根福禄考等，可剪成3～5cm的小段，然后用撒播的方法撒于床面后覆土即可。

相关知识四　扦插后的管理

不同植物其生物学特性不同，扦插成活的情况也不同。这与植物本身的生物学特性有关外，也与插条的选取以及温度、湿度、土壤等环境条件有关。

1. 影响扦插成活的因素

（1）插穗选择。生产实践证实：一般情况下，枝条的生根能力随着母树年龄的增长而降低。在年龄相同时，发育健壮的枝条比发育细弱的枝条营养物质含量多，再生能力强，生根率高，发根情况良好。从同一枝条不同部位截取的插穗其生根能力的强弱在不同植物之间并无共同的规律。杨、柳等容易生根的植物，扦插成活率与部位关系不大，但插穗的粗细与长短对于成活率及苗木的生长有一定影响。试验证明，年龄相同的插穗越粗越好，而且要有一定的长度。在生产实践中，掌握"粗枝短剪，细枝长留"的原则。

（2）扦插时期。不同植物的扦插适期不同。扦插日期视植物种类、气候情况、扦插条件而定。一般落叶阔叶树硬枝插在 11 月或 2～3 月，嫩枝插在 6～8 月进行。常绿阔叶树多在夏季扦插。常绿针叶树以早春扦插为好。草本类一年四季均可扦插。

（3）激素处理。扦插繁殖中常用植物生长调节剂（激素）对插穗进行插前处理。目前，常用的生长调节剂有萘乙酸（NAA）、吲哚乙酸（IAA）、吲哚丁酸（IBA）等。使用浓度视激素种类、植物种类、季节等而定。

（4）外界环境。扦插环境的温度、湿度、光照条件对成活影响很大。插穗脱离母体后，在不定根形成前不能有根系从土壤中吸收水分，而插穗及其叶片的蒸腾作用仍在进行，极易引起插穗地上、地下部分水分失去平衡，导致插穗干枯死亡。所以，增大空气相对湿度和控制插穗蒸腾强度显得特别重要。光照对嫩枝扦插很重要。适宜的光照能保证一定的光合强度，提高插条生根所需要的糖类，使之缩短生根时间，提高生根率；但光照不宜太强，否则引起插穗水分失调而枯萎。

（5）扦插基质。插穗的生根成活与扦插基质的水分、通气条件关系十分密切。一般扦插苗圃地宜选择结构疏松且排水通气良好的沙质壤土。目前，生产上多采用通透性好且持水排水的蛭石、珍珠岩、泥炭等人工基质，根据植物不同进行一定比例的混合，扦插效果更好，如反复使用需进行消毒处理。常用的消毒方法有高温消毒、药剂消毒、日光消毒等。

2. 插后管理

插后管理重点是温度、湿度、光照等的控制。

（1）温度控制。大多数植物适宜扦插生根的白天气温 21～25℃，夜间 15℃，土温略高于气温 3～5℃有助于生根。如果土温偏低，或气温高于土温，扦插虽能萌芽，但不能生根。因为插穗先长枝叶大量消耗营养，反而会抑制根系发生，导致死亡。

（2）湿度控制。一般要求插床基质含水量控制在 50%～60%，空气相对湿度为 80%～90%。通常采用自动控制的间隙喷雾装置，可维持空气高湿度，其他如遮阴、塑料薄膜覆盖等方法，也能维持一定的空气湿度。

（3）光照控制。较暗的环境可刺激根系生长，但影响光合作用。因此扦插初期可适当遮阳，当根系大量长出后，陆续给予光照。

3. 促进插穗生根的方法

（1）加温催根处理。人为地提高插条下段生根部位的温度，可使插穗先发根再发芽，土温高于气温 3～5℃最适宜。常用的有阳畦催根、酿热温床插根、火炕催根、电热温床催根等。

（2）药剂处理。应用各种人工合成的植物生长调节剂对插穗进行扦插前的处理。常用的有吲哚丁酸、吲哚乙酸、萘乙酸等。维生素 B₁ 和维生素 C 对某些种类的插条生根有促进作用；硼可促进插条生根，与植物生长调节剂合用效果显著。例如，吲哚乙酸 50mg/L＋硼 10～200mg/L，处理插穗 12h，生根可显著提高；2%～5%蔗糖溶液及 0.1%～0.5%高锰酸钾溶液浸泡 12～24h，亦有促进生根和成活的效果。

（3）黄化或机械处理。对不易生根的在其生长初期用黑纸、黑布、黑色塑料薄膜包扎基部或进行环剥、刻伤等处理。黄化处理使皮层增厚，薄壁细胞增多，生长素积累，有利于根原体的分化和生根。

（4）浸水处理。插前将插穗置于清水中浸泡12h，使其充分吸水，插后可提高成活率。对于一些容易有脂或胶流出的植物材料，浸水洗脱处理能降低这些抑制物的含量，有利生根。

实训操作

工作一　常春藤扦插育苗

一、工作目的

掌握硬枝扦插育苗技术，培育常春藤健壮扦插苗。

二、工作准备

常春藤、剪刀、生根粉、珍珠岩、泥炭等。

三、任务实施

学生分组讨论，确定操作程序及分工；在技术员或带教教师的指导下实施操作。

操作步骤及要求：

（1）扦插基质。可选择珍珠岩加泥炭，二者之间的比例以2∶8为宜，pH保持在6.0左右。珍珠岩可以增加基质的孔隙度，而泥炭可以增加基质保水保肥的能力。在1m³基质中混入3～4kg"爱贝施"常绿植物肥，以可以持续的保持生长的需要，也可以根据情况，施用150mg/L氮肥浓度的20-10-20水溶性肥料。扦插基质拌匀后，把其装入容器中，整齐地摆放到苗床上，浇透水，等待扦插。

（2）插穗制备和处理。剪取的枝条以当年生枝条为好，插穗的长度通常在2.5cm左右，节下部留1.5～2cm长，节上部留0.5～1cm，基部插穗和顶部插穗应分开，以求苗床插穗的生长一致。如果插穗充足，也可以用两节或多节的插穗扦插。

插穗扦插前可先用生根剂加杀菌剂浸泡15min，以促进插穗生根及保护插穗免受微生物的侵袭。

（3）扦插及插后管理。扦插深度为1.5cm左右，扦插时各插穗间叶片以不相互重叠为宜。

扦插好后，浇1次水，以保证扦插部位与基质贴合紧密，促进快速生根，应注意基质不要过湿，否则容易造成插穗腐烂。同时也需注意光照控制，扦插时的光照度以控制在6 000lx左右为宜，一般根据具体光照度，用大棚内外铺设的遮阴网来控制遮阴。

适宜的扦插温度为20～28℃，在温度超过32℃的情况下，则需要打开通风设备以降低温度；若低于15℃，则需要做加温处理，一般在无加温设备的情况下，可以通过增加一层或多层地膜覆盖来实现加温，但也须注意通风透气。通常在15℃以上的室温中，半个月左右就能发现其生根，一个月后就能长出新叶。

四、任务结果

发根良好、健壮的常春藤扦插苗。

五、任务考核

（1）学生分组提交产品：扦插苗。

（2）教师或各小组代表多方现场对产品质量、实训工作态度进行评价。

（3）完成实训报告。实训报告应包括目的、工作方案、实施步骤、技术要求与心得体会等方面内容，格式规范、字迹工整。

工作二　菊花扦插育苗

一、工作目的

掌握嫩枝扦插育苗技术，培育菊花健壮扦插苗。

二、工作准备

菊花、剪刀、生根粉、珍珠岩、河沙、杀菌剂等。

三、任务实施

学生分组讨论，确定操作程序及分工；在技术员或带教教师的指导下实施操作。

操作步骤及要求：

（1）扦插时间。菊花扦插繁殖的最佳时间在 4 月中旬至 5 月上旬，也可推迟到 8 月上旬。具体时间以培养目的而定，一般小型悬崖菊在 3～5 月，多头菊在 4 月中旬至 6 月上旬，独本菊在 6 月下旬至 7 月上旬，案头菊在 8 月上旬。

（2）插床设置。插床设在避风、光照充足、排水方便、靠近水源和电源的地方。苗床高 50cm，宽 1m，中间高，四周低下，苗床底部设排水孔。上铺 20cm 厚的干净河沙或珍珠岩、蛭石作扦插基质，对基质喷 800 倍的多菌灵药液，消毒后备插。因插穗依靠自身营养和叶片进行光合作用所制造的养分生根发芽，基质中以不含养分为好，否则易使病菌繁殖，引起插穗霉烂。

（3）插穗的选择。选择顶芽饱满、叶腋无萌芽的健壮嫩梢，剪取 6～8cm 作插穗，上部留 2～3 片叶，其余叶片全部剪除。扦插前，先用 800 倍多菌灵药液对插穗消毒，稍后，速蘸 1 000mg/kg ABT 生根粉进行扦插。

（4）扦插。一般插入插穗长度的 1/3～2/3，过浅，插穗易失水，造成生根困难，过深，易造成皮层腐烂不能成活。扦插时用竹签打洞，株行距 4cm×5cm，以叶片相接而不重叠为宜，插后启动全光照喷雾装置浇一次透水。

（5）插后管理。对扦插苗的管理，关键要做到防晒和保湿。一般苗床设在中小型塑料棚内，棚上搭设遮阳网遮光。扦插初期，插穗刚离母体不久，蒸腾作用较强宜多喷水，每天上午喷水 1～2 次，下午喷水 2～3 次，使叶面经常保持有一层水膜，当愈伤组织形成后，可逐渐减少喷雾量。在喷雾期间，每隔 1 周喷 800 倍液多菌灵＋0.2％尿素＋0.2％磷酸二氢钾混合液。扦插苗两周即可生根发芽，要及时移栽定植，过迟会因营养不足和苗木拥挤而生长不良。

四、任务结果

发根良好、健壮的菊花扦插苗。

五、任务考核

（1）学生分组提交产品：扦插苗。

（2）教师或各小组代表多方现场对产品质量、实训工作态度进行评价。

（3）完成实训报告。实训报告应包括目的、工作方案、实施步骤、技术要求与心得体会等方面内容，格式规范、字迹工整。

任务四 嫁接育苗

教学目标：

了解各种嫁接方法，掌握嫁接育苗技术。

任务提出：

能培育嫁接苗。

任务分析：

嫁接技术中，接穗和砧木的亲和力及形成层的对接是嫁接成活的关键；选择品质优良的接穗和生长健壮、根系发达的砧木是获得优良嫁接苗的基础；嫁接方法的选择、嫁接技术的熟练程度、嫁接后的及时管理是嫁接成功的前提。

相关知识一 嫁接成活的原理

1. 嫁接繁殖的特点

嫁接繁殖是将一种植物的枝或芽接在另一种植物的茎或根上，使二者结合成为一体，形成一个独立新植株的一种繁殖方法。通过嫁接繁殖所得的植物体称为嫁接苗，供嫁接用的枝或芽称为接穗，而承受接穗的带根植物部分称为砧木。

嫁接繁殖的具有能保持品种的优良性状、提高接穗品种的抗逆性和适应能力、提早开花结果、改变植株造型、提高观赏价值、克服某些植物不易繁殖的优点，但嫁接繁殖一般限于亲缘关系近的植物，要求砧木和接穗的亲和力强；嫁接苗寿命较短，并且嫁接繁殖在操作技术上也较繁杂，技术要求高。

2. 嫁接成活的原理

嫁接成活的生理基础是植物细胞具有再生能力。而植物的再生能力最旺盛的地方是形成层，嫁接就是使接穗和砧木各自削面形成层相互密接，形成愈合组织，使接穗和砧木原来的输导组织相连接，使营养物质能够相互传导，形成一个新的植株。愈合是嫁接成活的首要条件，形成层和薄壁细胞的活动，对嫁接愈合成活起到决定性作用。砧木与接穗亲缘关系近的，亲和力强，嫁接成活率高。

嫁接成活还与操作技术及嫁接后的管理有很大关系。砧木和接穗形成层的接触面越大，接触越紧密，输导组织越容易沟通，成活率就越高。嫁接时要求接穗要用快刀削，削面平，不能有凹陷和毛糙现象；形成层对准密接；绑缚正确牢固等。

相关知识二　砧木和接穗的选择及贮运

1. 砧木的选择

砧木是形成新植株的基础，对嫁接苗以后的生长发育、树体大小、花量、结实及品质、产量等具有很大的影响。选择适宜的砧木是保证嫁接达到理想目的的重要环节。选择砧木需要考虑下列条件：①与接穗有良好的亲和力；②对接穗生长、开花、结果有良好的影响；③对栽培地区的环境条件适应能力强，如抗寒力、耐盐碱等；④来源丰富，易于大量繁殖；⑤能满足特殊要求，如矮化、乔化、抗病等。

砧木的培育，以播种的实生苗作砧木最好。它具有根系发达、抗性强、寿命长和易大量繁殖等优点，但对种源很少或不易种子繁殖的苗木也可用扦插、分株、压条等营养繁殖苗作砧木。砧木的大小、粗细、年龄对嫁接成活和嫁接后苗木的生长有密切关系。砧木的年龄以一至二年生为最佳，生长慢的针叶苗木也可用三年生以上的苗木作砧木。

2. 接穗的选择与贮藏

作为采穗母树必须是品质优良、观赏价值和经济价值高、优良性状稳定的植株。在采穗时，应选择母树树冠中部、中上部的外围枝条最好，尤其是向阳面光照充足生长旺盛、发育充实饱满的当年生新梢（秋季芽接）或一年生枝条（春季枝接、芽接）作接穗。但针叶常绿树接穗应带有一段二年生发育粗壮的枝条，以提高嫁接成活率并促进生长。

采集的接穗要注明品种（或类型）、树号，分别捆扎，拴上标签，以防混杂。装入塑料袋中或用水浸蒲包、草帘，包装好，迅速运输。运回的接穗要及时窖藏，保持低温、湿润状态，以防干枯、霉烂，注意经常检查。芽接用的接穗多采用当年生的枝条，最好是随采随接，采集的接穗要立即剪去叶片（留一段叶柄），以减少水分蒸发。如接穗多，一时接不完，可按不同品种（或类型）分别贮存，可将接穗下端浸水，置于阴凉处，每日换水，或将接穗下端用湿沙埋上。采取上述方法可保存1周以上，但不宜超过10d，否则影响成活。

蜡封法贮藏接穗，具体方法是：将秋季落叶后采集的接穗，在60~80℃温度的溶解石蜡中速蘸，将枝条全部蜡封，放在0~5℃的低温条件下贮藏，翌年随时都可取出嫁接，直到夏季取出已贮存半年以上的接穗，接后成活率仍很高。这种方法不仅有利于接穗的贮存和运输，并且可有效地延长嫁接时间，在生产中得到广泛推广应用。

异地引种的接穗必须做好贮运工作。蜡封接穗，可直接运输，不必经特殊包装。未蜡封的接穗及芽接、绿枝接的接穗及常绿果树接穗要保湿运输，可用湿草纸、湿布、湿麻袋包卷，外包塑料薄膜，留通气孔，注意勿使受压。高温季节最好能冷藏运输，途中要注意检查湿度和通气状况。接穗运到后，要立即安排嫁接和贮藏。

相关知识三　嫁接方法

嫁接的方法很多，嫁接按所取材料，可分为芽接、枝接、根接三大类。

1. 芽接

芽接是以芽为接穗的嫁接方法。芽接的优点是：节省接穗，一年生砧木苗即可嫁接，结合牢固，容易愈合，成活率高，成苗快，可嫁接的时期长，且未成活的还可补接。下面介绍几种主要芽接方法。

（1）T字形芽接。T字形芽接是最常用的嫁接方法之一。选枝条中部饱满的侧芽作接芽，剪去叶片，保留叶柄，在接芽上方0.5～0.7cm处横切一刀深达木质部；再从接芽下方约1cm处向上削去芽片，芽片呈盾形，长2cm左右，连同叶柄一起取下（一般不带木质部）。在砧木嫁接部位光滑处横切一刀，深达木质部；再从切口中间向下纵切一刀长约3cm，使其呈T字形，用芽接刀轻轻把皮剥开，将盾形芽片插入T字口内，紧贴形成层，用剥开的皮层合拢包住芽片，用塑料膜带扎紧，露出芽及叶柄。

（2）嵌芽接。在砧、穗不易离皮时用此方法。先从芽的上方0.5～0.7cm处下刀，斜切入木质部少许，向下切过芽眼至芽下0.5cm处，再在此处（芽下方0.5～0.7cm处）向内横切一刀取下芽片；接着在砧木嫁接部位切一与芽片大小相应的切口，并将切开部分切取上端1/3～1/2，用留下部分夹合芽片，将芽片插入切口，对齐形成层，砧木的切口比芽片稍长，并使芽片上端露一线砧木皮层，最后用塑料膜带扎紧。

T字形芽接或嵌芽接在嫁接后7d左右，当触动接芽上的叶柄，能自然脱落，并且芽片皮色正常，说明嫁接已成活。如果芽片皮色不发绿，说明没嫁接成活，可补接1次。

（3）方块形芽接。此方法芽片取方块状，芽片与砧木形成层接触面积大，成活率较高，多用于柿树、核桃较难成活的树种。因其操作较复杂，工效较低，一般树种多不采用。

具体方法与T字形芽接、嵌芽接相似，只是芽片取长方形，再按芽片大小在砧木上切开皮层，嵌入芽片。

（4）套芽接。套芽接又称为环状芽接。其接触面积大，易于成活。主要用于皮部易剥离的树种，在春季树液流动后进行。

从接穗枝条取得管状芽套，套在与接穗枝条同样粗细砧木的去皮部位，再将砧木上的皮层向上包合，盖住砧木与接芽的接合部。如砧木过粗或过细，可将套在背面纵向切开，取同样大小的树皮将接穗芽套在砧木上，用塑料薄膜条绑扎好即可。由于砧、穗接触面大，形成层易愈合，适合用于嫁接较难成活的树种。

2. 枝接

以带有数芽或一芽的枝条为接穗的嫁接称为枝接。枝接的优点是成活率高，嫁接苗生长快。常见的枝接方法有切接、劈接、插皮接、腹接和舌接等。

（1）切接。此法适用于切口直径1～2cm粗的砧木嫁接，是枝接中一种常用的方法。

选定砧木，离地约10cm处，水平截去上部，在横切面一侧用嫁接刀纵向下切约2cm，稍带木质部，露出形成层。将选定的接穗，截取5～8cm的枝段，其上具2～3个芽，将枝段下端一侧削成约2cm长的面，再在其背侧末端0.5～1cm处斜削一刀，让长削面朝内插入砧木，使它们的形成层相互对齐，接穗插入的深度以接穗削面上端露出0.5cm左右为宜，俗称"露白"，有利于成活。用塑料膜带将劈缝和截口全都包严实，注意绑扎时不要碰动接穗。

（2）劈接。接法与切接相似，通常在砧木的粗度为接穗粗度的2～5倍时使用。砧木自离地5cm左右处，截去上部，然后在砧木横切面中央，用嫁接刀垂直下切2～3cm。剪取接穗枝条5～8cm，保留2～3个芽，接穗下端削成约2cm长的楔形，两面削口的长度一致，插入切口，对准形成层，用塑料膜带扎紧即可。砧木粗时可同时插入多个接穗。

（3）靠接。用于其他嫁接不易成活的珍贵树种。靠接在温度适宜的生长季节进行，在高温期最好。先将靠接的两植株移置一处，各选定一个粗细相当的枝条在靠近部位相对削去等长的削面，削面要平整，深至近中部，使两枝条的削面形成层紧密结合，至少对准一侧形成层；然后用塑料膜带扎紧，待愈合成活后，将接穗自接口下方剪离母体，并截去砧木接口以上的部分，则成一株新苗。

（4）舌接。此法常用于葡萄的枝接，一般适宜砧径 1cm 左右且砧穗粗细大体相同的嫁接。将砧木和接穗各削成约 3cm 长的斜面，然后，在削面由下往上 1/3 处，顺着枝条往上劈，劈口长约 1cm，呈舌状。把接穗的劈口插入砧木的劈口中，使砧木和接穗的形成层对准，向内插紧。如果砧穗粗度不一致，形成层对边即可。接合好后，绑缚即可。

（5）插皮接。这是枝接中最易掌握、成活率最高、应用也较广泛的一种嫁接方法。要求在砧木较粗且易离皮的情况下采用。一般在距地面 5～8cm 处断砧，削平断面，选平滑顺直处，将砧木皮层垂直切一小口，长度比接穗切面略短。接穗削成长 3.5～4cm 的斜面，厚 0.3～0.5cm，背面削成一小斜面或在背面的两侧再各微微削去一刀。接时，将削好的接穗在砧木切口处沿木质部与韧皮部中间插入，长削面朝向木质部，并使接穗背面对准砧木切口正中。接穗插入时注意"留白"。如果砧木较粗或皮层韧性较好，砧木也可不切口，直接将削好的接穗插入皮层即可。最后用塑料薄膜条绑缚。用此法也常用于高处嫁接，如龙爪槐的嫁接，可同时接上均匀分布的 3～4 根穗，成活后即可作为新植株的骨架。

（6）腹接。腹接在砧木腹部进行的枝接。常用于针叶树的繁殖上。砧木不去头，或仅剪去顶梢，待成活后再剪去上部枝条。接穗削成偏楔形，长削面长 3cm 左右，削面要平而渐斜，背面削成长 2.5cm 左右的短削面。砧木的切削应在适当的高度，选择平滑的一面，自上而下深切一刀，切口深达木质部，但切口下端不宜超过髓心，切口长度与接穗长削面相当。将接穗削面朝里插入切口，至少要一边形成层对齐，接后绑缚保湿。

（7）髓心接。髓心接是接穗和砧木切口处的髓心（维管束）相互密接愈合而成的嫁接方法。这是一种常用于仙人掌类花卉的园艺技术，主要是为了加快一些仙人掌类植物的生长速度，并提高它们的观赏效果。在温室内一年四季均可进行。

①仙人球嫁接。以仙人球或三棱箭为砧木，观赏价值高的仙人球为接穗。先用利刀在砧木上端适当高度切平，露出髓心。把仙人球接穗基部用利刀也削成一个平面，露出髓心。然后把接穗和砧木的髓心（维管束）对准后，牢牢按压对接在一起。最后用细绳绑扎固定。放置半阴处 3～4d 后松绑，植入盆中，保持盆土湿润，1 周内不浇水，半月后恢复正常管理。

②蟹爪兰嫁接。以仙人掌或三棱箭为砧木，蟹爪兰为接穗。将培养好的砧木在其适当高度平削一刀，露出髓心部分。采集生长成熟、色泽鲜绿肥厚的蟹爪兰 2～3 节，在基部 1cm 处两面都削去外皮，露出髓心。在砧木切面中心的髓心部位切一深度 1.5～2.0cm 的楔形切口，立即将接穗插入挤紧，用仙人掌针刺将髓心穿透固定。还可根据需要在仙人掌四周或三棱箭的 3 个棱角处刺座上再接上 4 个或 3 个接穗，提高观赏价值。1 周内不浇水，保持一定的空气湿度，当蟹爪兰嫁接成活后移到阳光下进行正常管理。

3. 根接法

根接法以根系作砧木。在其上嫁接接穗。可用劈接、切接、插皮接、腹接等方法嫁接。若砧根比接穗粗，可把接穗削好插入砧根内；若砧根比接穗细，可把砧根插入接穗。接好绑缚后，用湿沙分层沟藏，翌春植于苗圃，成活率高。

相关知识四　嫁接的时期

1. 枝接的时期

枝接一般在早春树液开始流动、芽尚未萌动时进行为宜。北方落叶树在3月下旬至5月上旬，南方落叶树在2～4月；常绿树在早春发芽前及每次枝梢老熟后均可进行。北方落叶树在夏季也可用嫩枝进行枝接。

2. 芽接的时期

芽接可在春、夏、秋三季进行，但一般以夏、秋芽接为主。绝大多数芽接方法都要求砧木和接穗离皮（指木质部与韧皮部易分离），且接穗芽体充实饱满时进行为宜。落叶树在7～9月，常绿树9～11月进行。当砧木和接穗都不离皮时采用嵌芽接法。

相关知识五　嫁接后的管理

嫁接后要及时检查成活程度，如果没有嫁接成活，应及时补接。枝接，在接后20～30d即可检查成活情况，凡接穗上的芽已经萌发生长或仍保持新鲜的及已成活。芽接，在接后7～15d即可检查成活，接芽上有叶柄的，叶柄用手轻碰即落的，表示已成活，若芽片已干枯变黑，没有萌动迹象，则表明已经死亡。嫁接成活后，应及时松绑塑料膜带，长时间缢扎影响植株的生长发育。由于接穗砧木亲和差异，促使砧木常萌发许多蘖芽，与接穗同时生长，或提前萌生，争夺并消耗大量养分，不利于接穗成活。为集中养分供给接穗生长，要及时抹除砧木上的萌芽和根蘖。一般需去蘖2～3次。

嫁接苗接后愈合期间，若遇干旱天气，应及时进行灌水。其他抚育管理工作，如病虫害防治、灌水、施肥、松土、除草等同一般育苗。

实训操作

工作一　月季芽接

一、工作目的

掌握芽接育苗技术，培养月季嫁接苗。

二、工作准备

蔷薇、月季、剪刀、芽接刀、塑料膜带等。

三、任务实施

学生分组讨论，确定操作程序及分工；在技术员或带教教师的指导下实施操作。

操作步骤及要求：

月季嫁接，一般选适合当地气候的蔷薇作为砧木，常用T字形芽接。

（1）芽接时间。一般在6～10月，平均气温在20～25℃最好。

（2）砧木和接穗处理。嫁接前清理砧木苗，将砧木基部的分枝和上部多余的枝条剪去，留下的枝条作折枝处理。首先在砧木嫁接部位水平切一刀，划透皮层到木质部，再从切口中央竖直切出长 2cm 的竖口，两个切口呈 T 字形，切口距地面 1～1.5cm。随后倒持接穗，选择充实饱满、未萌发的芽，在其上方 0.5～1.0cm 处切入枝条，要深及木质部，自上而下削到芽下方 0.5～1.0cm 处横切一刀，得到带一小薄片木质部的盾形芽片，剥离木质部，仅留下带叶柄和腋芽的皮层。

（3）接合。用嫁接刀片挑开砧木上的 T 字形切口，将接芽插入接口（注意不要将芽眼插倒），并用刀片沿 T 字形横切口将多余的芽片切去，使接芽片全部插入，用砧木皮包住接芽片。

（4）绑扎。用塑料条绑扎并缠紧，注意将芽眼留到外面并检查是否包好。

（5）检查成活情况。嫁接后 10～15d 检查嫁接成活情况，嫁接口完全愈合，可以剪去塑料布条；发现接穗死亡的植株要及时补接。

（6）成活后管理。要及时抹除砧木新芽，促进嫁接苗的生长。嫁接成活后，如果长时不解绑，植株将受塑料布条的束缚而生长不好，甚至死亡。芽接苗长到 30～40cm 高时，从接口上方剪去砧木，成为一株完整的嫁接苗。

四、任务结果

从外观看，根系生长良好、分布均匀、完整，嫁接伤口愈合完好，植株生长旺盛，壮实挺拔，枝叶无损伤，无病虫；从内在看，种植后植株整体生长正常，无花叶等病毒病病症的优质嫁接苗。

五、任务考核

（1）学生分组提交产品：嫁接苗。

（2）教师或各小组代表多方现场对产品质量、实训工作态度进行评价。

（3）完成实训报告。实训报告应包括目的、工作方案、实施步骤、技术要求与心得体会等方面内容，格式规范、字迹工整。

工作二 西甜瓜嫁接

一、工作目的

掌握西甜瓜嫁接技术。

二、工作准备

南瓜实生苗、西甜瓜苗、双面刀片、嫁接夹等。

三、任务实施

学生分组讨论，确定操作程序及分工；在技术员或带教教师的指导下实施操作。

操作步骤及要求：

（1）选用适宜砧木。以南瓜作为砧木，选用适合在当地生长的南瓜品种。

（2）接穗。选择适合当地种植的增产潜力大、品质好的西甜瓜品种。如伊丽莎白、玉菇等。

（3）嫁接时期。提前播种砧木和接穗。当接穗西甜瓜两片子叶展开、砧木苗第一片真叶出现到完全展平为嫁接适宜时期。

（4）嫁接方法。靠接，先用刀片在砧木子叶下约 0.5cm 处斜向下切，刀口与胚轴的夹角约 35°，深及胚轴 2/3 处。然后在接穗苗与砧木刀口相对方向，在子叶下约 1.5cm 斜向上切，刀口和胚轴夹角 30°左右，深度在胚轴的 3/4。然后把砧木和接穗的两个舌形刀口对齐嵌合，马上用嫁接夹固定，嫁接完成。

劈接，当瓜类苗长出两片子叶，在两片子叶中间用刀片切出 0.6～1cm 的切口，作砧木的不去子叶，将带两片叶的接穗下部削成楔状插入砧木切口，用绳绑缚，置于遮阴避风潮湿处。7～8d 后，接穗子叶新绿，幼芽生长，表明成活。

斜切接，接穗要比砧木早 2～5d 播种，播后 10～12d 接穗第一片真叶展开，砧木子叶完全展开，苗高 5～7cm，将接穗子叶下 1cm 处呈 15°～20°角向第一片真叶展开方向向上斜切一刀，深及胚轴直径达 2/3 处，切下砧木生长点，在子叶下方呈 20°～30°角向下斜切一刀，深及胚轴直径达 2/3 处，切口长 5～7mm。将接穗砧木切口部分插好，用薄铝片包好，保持高湿。10d 成活后，将接穗根切去。切后为防失水须遮阴，培养 8～10d 即可移植。

四、任务结果

从外观看，根系生长良好、分布均匀、完整，嫁接伤口愈合完好，植株生长旺盛、壮实挺拔，枝叶无损伤，无病虫；从内看，种植后植株整体生长正常，无花叶等病毒病病症的优质嫁接苗。

五、任务考核

（1）学生分组提交产品：嫁接苗。

（2）教师或各小组代表多方现场对产品质量、实训工作态度进行评价。

（3）完成实训报告。实训报告应包括目的、工作方案、实施步骤、技术要求与心得体会等方面内容，格式规范、字迹工整。

任务五　分生（分株、分球）育苗

教学目标：

了解各种分株方法，掌握分株育苗技术。

任务提出：

能培育分生苗。

任务分析：

分生繁殖是将植物体上分生出来的幼小植株如根蘖、萌蘖、珠芽、吸芽等与母株切割分离后，另行栽植而形成独立的新植株的繁殖方法。分生繁殖是萌蘖性强的花灌木、多年生草花和球根花卉常用的繁殖方法，操作简单，成活率高，成苗快。

相关知识　分生育苗技术

分生繁殖又可分为分株和分球两种。分株多用于萌蘖性强和丛生性强的园艺植物。分球多用于球茎、鳞茎类的球根花卉。

1. 分株方法 分割自母株发生的根蘖、吸芽、走茎、匍匐茎和根茎等，进行栽植形成独立植株的繁殖方法称为分株。分株的时间主要在春、秋两季。考虑到分株对开花的影响，春季开花者多在秋季休眠后进行；秋季开花者则多在春季萌芽前进行。温室花卉的分株可结合进出房和换盆进行。不论是分离母本根际的萌蘖，还是将成丛花卉分劈成数丛，分出的植株必须是具根、茎、叶的完整植株。

（1）侧分法。多用于丛生类容易萌发根蘖的花灌木或宿根花卉。将母株一侧或两侧土挖开，露出根系，将带有一定茎干（一般1～3个）和根系的萌株带根挖出，另行栽植。挖掘时注意不要对母株根系造成大的损伤，以免影响母株的生长发育，减少以后的萌蘖。

（2）掘分法。将母株全部带根挖起，用利斧或利刀将植株根部分成有较好根系的几份，每份地上部分均有1～3个茎干，这样有利于幼苗生长。

多数木本观赏植物在分株前需将母株掘起，然后用刀、剪、斧将母株分劈成几层，并尽可能多带根系。对一些萌蘖力很强的灌木和藤本植物，可就地挖取分蘖苗进行移植培养。

生产上常结合翻盆换土时，将整个植株连根挖出，脱去土团，然后用手或利刀将株丛顺势分割成数丛，使每丛都带有根系，根据需要和要求进行分栽，踏实浇水即可。

2. 分球繁殖

分球繁殖是将球根花卉的地下变态茎，如球茎、块茎、鳞茎、根茎和块根等产生的子球，进行分级种植的繁殖方法。分球繁殖时期主要是春季和秋季。一般球根掘取后，将大、小球按级分开，置于通风处，使其经过休眠期后再进行种植。

分球繁殖需注意以下问题：凡球茎、鳞茎、块茎直径超过3cm的大球才能开花，小子球按大小分开种植，须经2～3年栽培后才能开花球。

分生繁殖依花卉种类的不同，分生方法及时间也不同，有的在生长季节进行，多数在休眠期或球根采收及栽植前进行。鳞茎类，如百合、水仙、郁金香等，在栽培中对母球采用割伤处理，使花芽受到损伤后产生不定芽形成小鳞茎，加大繁殖量。球茎类，如唐菖蒲、香雪兰、番红花等栽培中的老球产生新球，新球旁侧产生子球，子球即可另行栽培；也可将大球切割几块，每块都具有芽，另行栽培成大球。根茎类，如美人蕉、鸢尾等，可按其上的芽眼数，适当分割成数段，切割时要保护芽体，伤口要用草木灰消毒防止腐烂。块茎类，如马蹄莲、花叶芋等，分割时要注意不定芽的位置，切割时不能伤及芽，每块都要带芽，增加繁殖数量和繁殖效果。块根类，如大丽花、小丽花、花毛茛等，由根茎处萌发芽，分割时注意保护芽眼，一旦破坏就不能发芽，达不到繁殖的目的。

实训操作

工作一　草莓分株育苗

一、工作目的

掌握草莓分株育苗技术。

二、工作准备

草莓苗、刀等。

三、任务实施

学生分组讨论，确定操作程序及分工；在技术员或带教教师的指导下实施操作。

操作步骤及要求：

（1）掘株。在草莓园果实采收后，加强对植株肥水管理。当老株上的新茎基部发出较多新根时，及时把老株挖出。

（2）分割。剪除基部未发新根的弱新茎和已衰老的根状茎。然后将每一带有新根的新茎分开，成为若干新茎苗，以供栽植。

四、任务结果

每株苗具有完整的根、茎、叶。

五、任务考核

（1）学生分组提交产品：分株苗。

（2）教师或各小组代表多方现场对产品质量、实训工作态度进行评价。

（3）完成实训报告。实训报告应包括目的、工作方案、实施步骤、技术要求与心得体会等方面内容，格式规范、字迹工整。

工作二　百合分球育苗

一、工作目的

掌握百合分球育苗技术。

二、工作准备

百合、刀等。

三、任务实施

学生分组讨论，确定操作程序及分工；在技术员或带教教师的指导下实施操作。

操作步骤及要求：

（1）贮藏。在9～10月收获百合时将母球旁的小鳞茎分离采收保存，作为繁殖培育茎，与湿沙混合贮藏。

（2）分级。将百合老鳞茎上生出的小鳞球按大小分级。

（3）栽植。待翌年4月中旬取出种植，栽植时深10～15cm，20～25d即可发芽出土。较大的球茎当年可开花，小的培养2～3年开花。

四、任务结果

小百合苗。

五、任务考核

（1）学生分组提交产品：小百合苗。

（2）教师或各小组代表多方现场对产品质量、实训工作态度进行评价。

（3）完成实训报告。实训报告应包括目的、工作方案、实施步骤、技术要求与心得体会等方面内容，格式规范、字迹工整。

任务六　压条育苗

教学目标：

了解各种压条育苗方法，掌握压条育苗技术。

任务提出：

利用压条育苗技术，培育健壮植株。

任务分析：

压条繁殖是将母株的部分枝条或茎蔓压埋在土中，待其生根后切离，成为独立植株的繁殖方法，它是一种枝条不切离母体的繁殖方法。

相关知识　压条育苗技术

压条繁殖适用于对于扦插难以成活的果树、花木的繁殖育苗。其优点是成活率高，开花早；操作简便，不需要特殊的养护条件；能保存母株的优良性状。缺点是繁殖量不大。

1. 压条的时期

压条育苗按时期可分为休眠期压条和生长期压条。

（1）休眠期压条。在秋季落叶后或春季发芽前，用一年生成熟枝条进行压条育苗。

（2）生长期压条。一般在雨季进行，用新梢枝条进行压条繁殖。

2. 压条的方法

压条的种类很多，各不相同，依其埋条的状态、位置及其操作方法的不同，可分为普通压条、水平压条、波状压条、堆土压条和空中压条5种方法。

（1）普通压条。又称为单枝压条法，适用于枝条离地面近且容易弯曲的树种，如木兰、迎春、栀子花、夹竹桃等，是最常用的一种压条方法。

具体方法是选取母株接近地面而向外伸展的枝条，在压条的节下将其刻伤、扭伤或进行环剥处理后，弯入土中，覆土10～20cm，使枝条端部露出地面。为防止枝条弹出，可在枝条下弯部分插入小木叉固定，再盖土压实，生根后切割分离。

（2）水平压条。又称为沟压、连续压或水平复压，是我国应用最早的一种压条法，适用于枝条长而且生长较易的树种，如葡萄、紫藤、连翘等，能在同一枝条上得到数个的植株。

（3）波状压条。此方法适用于枝条长而柔软或为蔓性的树种，如葡萄、紫藤、铁线莲、薜荔等。一般在秋冬间进行压条，将枝条弯曲牵引到地面，在枝条上刻伤数处，将每一刻伤处弯曲后埋入土中，用小木叉固定。待其生根后，分别切断移植，即成为数个独立的植株。

（4）堆土压条。又称为直立压条法或壅土压条法，凡有根蘖多、丛生性强、枝条直硬的植物均可用此法繁殖，如贴梗海棠、李、无花果、八仙花、栀子、杜鹃、木兰等。可在冬季或早春，将母株先重剪，促使根部萌发分蘖。当萌蘖枝条长至一定粗度时，在枝条基部近地面处刻伤，然后在其周围堆土待枝条基部根系完全生长后分割切离，分别栽植。

（5）空中压条。又称为高压法、缸压法，适合于小乔木状枝条硬直花卉。在生长季，选成熟健壮、芽饱满的当年生枝条，在适当部位进行环剥处理后，外套塑料袋或容器（竹筒、瓦盆等），在环剥口的下部将套塑料袋的一头用绳子扎紧，内装湿润的培养土；然后将上口也扎紧，并保持内部湿润，30～40d即可生出新根。生根后剪离母株，解除包扎物另行栽植即可。

实训操作

工作一　葡萄压条繁殖

一、工作目的

掌握压条育苗技术，培养葡萄苗。

二、工作准备

葡萄园、铁锹等。

三、任务实施

学生分组讨论，确定操作程序及分工；在技术员或带教教师的指导下实施操作。

操作步骤及要求：

（1）新梢压条。新梢长至1m左右时，进行摘心并水平引缚，以促使萌发副梢。副梢长至20cm时，将新梢平压于15～20cm的沟中，填土10cm左右，待新梢半木质化、高度50～60cm时，再将沟填平。夏季对压条副梢进行支架和摘心，秋季挖起压下的枝条，分割若干带根的苗木。

（2）一、二年生枝压条。春季萌芽前，将植株基部预留作压条的一年生枝条平放或平缚，待其上萌发新梢长度达到15～20cm时，再将母枝平压于沟中，露出新梢。对于不易生根的品种，在压条前先将母枝的第一节进行环割或环剥，以促进生根。压条后，先浅覆土，待新梢半木质化后逐渐培土，以利于增加不定根数量。秋后将压下的枝条挖起，分割为若干带根的苗。

（3）多年生蔓压条。在秋季修剪时进行的。先开挖20～25cm的深沟，将老蔓平压沟中，其上一、二年生枝蔓露出沟面，再培土越冬。在老蔓生根过程中，切断老蔓2～3次，促进发生新根。秋后取出老蔓，分割为独立的带根苗。

四、任务结果

获得发根良好的压条苗。

五、任务考核

（1）学生分组提交产品：葡萄压条苗。

（2）教师或各小组代表多方现场对产品质量、实训工作态度进行评价。

（3）完成实训报告。实训报告应包括目的、工作方案、实施步骤、技术要求与心得体会等方面内容，格式规范、字迹工整。

工作二 桂花压条繁殖

一、工作目的

通过压条育苗，获得桂花苗，掌握压条育苗技术。

二、工作准备

桂花、塑料袋、培养土等。

三、任务实施

学生分组讨论，确定操作程序及分工；在技术员或带教教师的指导下实施操作。

操作步骤及要求：

（1）选枝。每年 3～4 月，在强健的母株上，选择不影响树冠完整而又生长发育充实的二至三年生枝条。

（2）环剥或刻伤。于压条前 3～4d 进行环剥或刻伤，使养分聚集在枝条上，以促进生根。剥皮或刻伤的部位，宜选择靠近主干并有庇荫的地方。剥皮宽度不可过大，以免枝条受伤，一般为被压枝条粗度的 2/3（1～1.5cm 宽）。

（3）包扎。剥口处涂抹 500mg/L 的萘乙酸溶液，随即用塑料袋或对开的竹筒、花盆等物，包合固定在刻伤或环状剥皮处。包扎物内放置沙质壤土，上覆苔藓，经常保持湿润。

（4）分离。高空压条后，通常 3 个月后发根，至 10 月可与母株分离，成为新的植株。高压苗在剪离母体后，要删除部分树叶，先移植在阴凉处，经过一年时间的恢复培养，再移出盆栽，或另行栽植。

四、任务结果

获得发根良好的压条苗。

五、任务考核

（1）学生分组提交产品：桂花压条苗。

（2）教师或各小组代表多方现场对产品质量、实训工作态度进行评价。

（3）完成实训报告。实训报告应包括目的、工作方案、实施步骤、技术要求与心得体会等方面内容，格式规范、字迹工整。

项目二

穴 盘 育 苗

穴盘苗，就是在一张相同大小、孔穴规则集群的穴盘中培育的可移植的幼苗。每一植株根系都各自分离，移植时只要把种苗从穴盘中脱出即可达到分离的目的，种苗的根部很少受伤，大大提高了成活率。

穴盘种苗的优点：

①节能，省资材。穴盘育苗每平方米苗床至少可以培育500～1 000株幼苗，为传统营养钵育苗的5～10倍。

②省工省力，生产效率高。穴盘的集群式设计，使得添加基质、播种和移植等各项操作的效率都大大提高了，也为机械化流水作业提供了可能。穴盘育苗可采用精量播种生产线装置，每小时可播种700～1 000盘，育苗量7万～10万株。

③种苗质量好，整齐度高。实行优化的标准化管理，一次成苗，幼苗生活力强，素质优于传统育苗。

④便于长距离运输和商品化供应。穴盘育苗体积小，质量轻，便于长距离运输；实行订单育苗，适合大批量、商品化生产和销售。

穴盘种苗的缺点：生产难度较大，需要专业技术人员，最初的设备、温室投资较高以及对种子的要求更高等。

在20世纪60年代末至70年代初开始有人生产穴盘苗。Speedling公司、Kube-Pak公司、Pinter Brothers Greenhouse公司与Blackmore Transplanter公司等美国公司开发了可以精确地为硬塑穴盘播种的播种机，幼苗在这类穴盘中生长，被一种"机械化的移植机"从穴孔底部压出并定植到待特定的容器里。

直到20世纪90年代末期，北美地区超过90％的花坛花种苗均为穴盘苗，再加上蔬菜、盆栽植物、切花、宿根花卉、组培材料和树苗，每年的穴盘种苗生产量已超过250亿株。

穴盘种苗技术也慢慢地传到了欧洲及日本、澳大利亚、以色列等国家，现在穴盘技术已经推广至韩国、中国台湾、中国内地、哥伦比亚、中美洲、墨西哥、南非以及许多其他国家和地区，穴盘在树木、蔬菜、花坛植物和切花生产中得到越来越广泛的应用。

我国20世纪80、90年代开始在北京、上海引进穴盘育苗设备与技术。目前，穴盘育苗已成为当今种苗规模化生产的主流，成为推动我国花卉生产和蔬菜生产现代化的一支重要力量。生产高质量的穴盘苗要从优质的种子、适宜的环境条件和精心的苗床管理等因素综合考虑。

任务一 穴盘育苗生产准备

教学目标：

熟悉穴盘育苗生产要素，了解穴盘、基质的种类及其特性，合理选择穴盘及调配基质，能进行种子质量检验。

任务提出：

做好穴盘育苗各生产要素的准备。

任务分析：

穴盘育苗的生产要素包括种子、穴盘、基质、水、肥料、设施设备等，做好穴盘育苗生产准备工作。选择优质的种子；穴盘的类型与规格应与栽培的植物最终的容器尺寸以及栽培计划保持一致；泥炭是配制基质常用的成分，其次是蛭石和珍珠岩；保持水的碱度为 $60\sim80mg/L$，水中可溶性盐类浓度应低于 $1.0ms/cm$；保持 $1N：1K：1Ca：1/2Mg：（1/5\sim1/10）P$ 的比率对植物最有利；给幼小的植物在微小的穴盘中创造最佳的生长环境必须有良好的温室结构和设备保证。

相关知识一 种子生理特性和种质检验

现代园艺所用的种子指的是广义的种子，不仅是植物形态学所说的由胚珠受精所形成的种子，还包括植物学的果实、根、茎、叶等所能繁殖的器官；而在穴盘种苗生产中所用的通常是真正的种子或果实。种子作为种苗生产的最重要的生产要素，生产者必须要对其进行全面了解。

1. 种子的类型

种子的种类及品种繁多，其种子的外部形态也是千变万化的。

按粒径大小分类（以长轴为准），有：①大粒种子，粒径在 5.0mm 以上者，如万寿菊、美人蕉、豆类、瓜类等；②中粒种子，粒径在 2.0～5.0mm，如一串红、紫罗兰、菠菜、萝卜等；③小粒种子，粒径在 1.0～2.0 mm，如三色堇、长春花、鸡冠花、白菜类等；④微粒种子，粒径在 1.0mm 以下者，如四季海棠、矮牵牛、大岩桐等。

按种子形态分类，有球形（如紫茉莉、白菜类）、卵形（如金鱼草）、椭圆形（如四季海棠）、肾形（如鸡冠花、茄果类）、披针（如孔雀草、万寿菊）以及线形、扁平形等。

按种子的生产方式分类，有常规种和杂交种。目前常用的草本花卉都为杂交一代。

按种子的处理方式分类，有：①未经处理的种子，指未经过包衣、去尾、丸粒化、脱毛等加工处理的普通种子，如金盏菊、一串红、彩叶草等；②包衣种子，即对一些很细小的种子，如四季海棠、大岩桐等，通过包衣剂丸粒化处理，在植物种子上包裹上一层能迅速固化的膜，膜内加入针对植物和土壤的农药、微肥、有益微生物或植物生长调节剂，以提高其发芽率和整齐度；③精选种子，指经过清洗、分级、刻划等方法处理的种子，如羽扇豆、鹤望兰等；④脱化种子，指经过脱毛、脱翼、去尾等处理的种子，如孔雀草、番茄、花毛茛等，脱化的种子更适用于自动化的针式或滚筒式播种机播种；⑤预发芽种子，指经过预发芽处理的种子，种子发芽过程中的内部生理活动已经开始，但胚根没有突破种皮。

包衣种子、精选种子、脱化种子、预发芽种子等经过处理的种子，发芽率和整齐度能有效提高。包衣种子在综合防治病虫害、药效期长（40～60d）、药膜不易脱落、不产生药害等4个方面明显优于普通药剂拌种。对于粒小且不规则的种子，经丸化处理后，可使种子体积增大，形状、大小均匀一致，有利于机械化播种。

2. 种子的质量

种子质量通常包括品种质量和播种质量两个方面的内容。品种质量是指与遗传特性有关的品质，即种子的真实性和品种纯度。播种质量指种子播种后与出苗相关的质量，可用净度、发芽力、生活力、千粒重、病虫感染率、种子含水量等作指标衡量。

种子是育苗的基础，优良的种子是种苗质量的保证。优良种子除应具备优良的品种特性外，还应当具有富有生活力、发育充实饱满、无病虫害，具有较高的纯度、净度、发芽率、发芽势等。

影响种子质量的因素有遗传学、种子生产过程及收获后的处理几个方面。特别是种子生产过程中母本培育的生长环境，如水分、光照、养分、温度、病虫害等，会影响到授粉、结合和种子发育。健康的母株在良好的环境及栽培条件下才能结出高质量的种子。

种子收获时期和方法也是影响种子质量的重要原因。种子一般应在其充分成熟后，适时采收。采集过早，种子尚未成熟，品质低劣，不耐贮存；采集过晚，种子脱落、飞散或遭虫鸟兽等危害，降低种子的产量和质量。种子的成熟包括生理成熟和形态成熟两个过程，在生产中，种子的成熟期以形态成熟作为采集种子的重要指标。不同的植物、不同的种实类型其成熟特征表现不一样。一般种子成熟时果皮多由绿色变为深暗的颜色，如荚果、蓇葖果、翅果等果皮多由绿色变为褐色，同时含水量降低，果皮紧缩变硬；球果类果鳞干燥、硬化、微裂；干果类果皮由绿色转为黄色、褐色、紫黑色，干燥、硬化、紧缩；肉质果类果皮软化、变色，且颜色随树种不同而有较大的变化。种子的采集可分为植株上采收、地面收集等，无论哪种收获方法，必须将成熟种子和未充分成熟种子及坏掉种子区分开来，以便为穴盘育苗提供统一规格的种子，便于机械播种。

真正成熟的种子一般应具有以下指标：①种皮呈现品种的固有色泽、种子大小和形状；②干物质不再增加，即达到了最大千粒重；③种子含水量降低；④种子具有最高的生活力和发芽能力。

3. 种子的寿命

种子的寿命是指其在一定环境条件下能保持生活力的最长年限。超过这个期限，种子的生活力丧失，也就失去了萌发的能力。种子的寿命取决于其内在因素和繁育种子的环境条件、种子的成熟度、收获与贮藏条件。如非洲菊种子的寿命很短，最长只有6个月，有的种子寿命可长达几千年，如莲子。常见花卉和蔬菜种子的寿命如表2-1、表2-2所示。

表2-1　常规条件下常见花卉种子的寿命（年）

名称	拉丁名	寿命	名称	拉丁名	寿命
蓍草	*Achillea millefolium*	2～3	向日葵	*Helianthus annuus*	3～4
千年菊	*Acrolinium* spp.	2～3	麦秆菊	*HeLichrysum bracteatum*	2～3
藿香蓟	*Ageratum conyzoides*	2～3	凤仙花	*Impatiens balsamina*	5～8

（续）

名称	拉丁名	寿命	名称	拉丁名	寿命
蜀葵	*Althaea rosea*	3～4	牵牛	*Ipomoea nil*	3
香雪球	*Alyssum maritimum*	3	鸢尾	*Iris tectorum*	2
雁来红	*Amaranthus tricolor*	4～5	地肤	*Kochia scoparia*	2
金鱼草	*Antirrhinum majus*	3～4	五色梅	*Lantana camara*	1
耧斗菜	*Aquilegia valgaris*	2	香豌豆	*Lathyrus odoratus*	2
四季海棠	*Begonia fibrousrooted*	2～3	薰衣草	*Lavendula vera*	2
雏菊	*Bellis perennis*	2～3	蛇鞭菊	*Liatris spicata*	2
羽衣甘蓝	*Brassica oleracea*	2	百合	*Lilium browinii*	2
金盏菊	*Calendula officinalis*	3～4	六倍利	*Lobelia chinensis*	4
翠菊	*Callistephus chinensis*	2	羽扇豆	*Lupinus micranthus*	4～5
风铃草	*Canpanula medium*	3	剪秋箩	*Lychnis senno*	3～4
长春花	*Catharanthusr oseus*	2	千屈菜	*Lythrum salicaria*	2
美人蕉	*Canna indica*	3～4	紫罗兰	*Matthiola incana*	4
鸡冠花	*Celosia cristata*	3～4	猴面花	*Mimulus luteus*	2
矢车菊	*Centaurea cyanus*	2～3	勿忘我	*Myosotis sylvatica*	2～3
桂竹香	*Cheiranthus cheiri*	5	花烟草	*Nicotiana alata*	4～5
瓜叶菊	*Senecio cruentus*	3～4	虞美人	*Papaver rhoeas*	3～5
醉蝶花	*Cleome spinosa*	2～3	矮牵牛	*Petunia hybrida*	3～5
波斯菊	*Cosmos bipinnatus*	3～4	福禄考	*Phlox drummondii*	1
蛇目菊	*Coreopsis tinctoria*	3～4	桔梗	*Platycodon grandiforus*	2～3
大丽花	*Ddhlia pinnata*	5	半支莲	*Portulaca grangiflora*	3～4
飞燕草	*Delphinium ajacis*	1	报春花	*Primula malacoides*	2～5
石竹	*Dianthus chinensis*	3～5	茑萝	*Quamoclit pennata*	4～5
毛地黄	*Digitalis purpurea*	2～3	一串红	*Salvia splendens*	1～4
花菱草	*Eschscholzia californica*	2	万寿菊	*Tagetes erecta*	4
天人菊	*Gaillardia purchella*	2	金莲花	*Trollius chinensis*	3～5
非洲菊	*Gerbera jamesonii*	1	美女樱	*Verbena hybrida*	2
满天星	*Gypsophila elegans*	5	三色堇	*Viola tricolor*	2
千日红	*Gomphrena globosa*	3～5	百日草	*Zinnia elegans*	3

表 2-2　一般贮藏条件下蔬菜种子的寿命和使用年（年）

名称	拉丁名	寿命	名称	拉丁名	寿命
大白菜	*Brassica campestris* ssp. *pekinensis*	4～5	冬瓜	*Benincasa hispida*	4
芜菁	*Brassica campestris* var. *rapifera*	4～5	西瓜	*Citrullus vulgaris*	5
芥菜	*Brassica juncea*	3～4	南瓜	*Cucubita moschata*	4～5

(续)

名称	拉丁名	寿命	名称	拉丁名	寿命
根用芥菜	*Brassica juncea* var. *napiformis*	4~5	甜瓜	*Cucumis melo*	5
结球甘蓝	*Brassica oleracea*	4	黄瓜	*Cucumis sativus*	5
花椰菜	*Brassica oleracea* var. *botrytis*	5	丝瓜	*Luffa cylindrica*	5
球茎甘蓝	*Brassica oleracea* var. *caulorapa*	5	芹菜	*Apium graveolens*	6
萝卜	*Raphanus sativus*	5	胡萝卜	*Daucus carota*	5~6
洋葱	*Allium cepa*	2	莴苣	*Lactuaca sativa*	5
大葱	*Allium fistulosum* var. *giganteum*	1~2	扁豆	*Dolichos lablab*	3
辣椒	*Capsicum frutescens*	4	豇豆	*Vigna sinensis*	5
茄子	*Solanum melongena*	5	蚕豆	*Vicra faba*	3
番茄	*Lycoperisicon esculentum*	4	菜豆	*Phaseolus limensis*	3
韭菜	*Allium tuberosum*	2	菠菜	*Spinacia oleracea*	5~6

影响种子寿命的因素除了有种子本身特性、种子的含水量、种子的成熟度及机械损伤和净度等因素外，还有种子的贮藏环境条件。

凡种皮构造致密、坚硬或具有蜡质的种子，种子寿命长，反之，寿命短；富含脂肪、蛋白质的种子如松科、豆科等寿命长，而富含淀粉为主的种子，如栎类、板栗，种子寿命较短。含水量在15%以下时有利于种子的长期保存。种子受机械损伤和冻伤后，由于种皮不完整，营养物质容易外渗，微生物容易侵入，损害种子，致使种子贮藏寿命短。净度低的种子容易从潮湿的空气中吸收水分，使种子呼吸增强，微生物容易滋生，种子贮藏寿命短。

研究证明，一般在0~50℃，温度每降低5℃，种子的寿命可增加1倍。大多数树木种子贮藏期间最适宜的温度是0~5℃，在这种温度条件下，种子生命活动很微弱，同时不会发生冻害，有利于种子生命力的保存。国外对品种资源的保存，已研究用液态氮（-196℃）贮存种子，能够延长寿命。

种子是有很强的吸湿性能，可直接从潮湿的空气中吸收水汽，改变种子的含水量，影响种子的寿命。一般情况下，安全含水量低的种子应贮藏在干燥的环境，安全含水量高的种子则应贮藏在湿润的环境。含水量低的种子，呼吸作用很微弱，需氧极少，在密封的条件下能长久地保持生命力；含水量高的种子，呼吸作用释放出大量的水汽、二氧化碳和热量，如通气不良、氧气供给不足，容易因窒息引起种子死亡。微生物、昆虫及鼠类等的危害，直接影响种子的寿命。

大多数种子适宜的贮藏条件为种子含水量8%~10%，环境相对湿度35%~40%，环境温度5~10℃，非密封条件下这可使种子的生命活动维持在最微弱的状态下，以延长种子的寿命。

常见的贮藏有以下几种方法：

（1）干藏法。将干燥的种子贮藏于干燥的环境中，适用于含水量低的种子。

普通干藏法：将干燥、纯净的种子装入纸袋、桶、箱等容器内，放在经过消毒的凉爽、干燥、通风的贮藏室、地窖、仓库内。一般适用于短期贮藏种子。

低温干藏法：把充分干燥的种子，置于1~5℃的低温条件下贮藏。

密闭干藏法：把上述充分干燥的种子，装入罐或瓶一类容器中，密封起来放在冷凉处保存。适用于长期贮藏种子。

（2）湿藏法。将种子存放在湿润而又低温通气的环境中。湿藏还可以逐渐解除种子的休眠，为发芽打下基础。凡标准含水量高的种子或干藏效果不好的种子都适合湿藏。

层积贮藏法：某些花卉的种实，较长期地置于干燥条件下容易丧失发芽力，可采用层积法。

水藏法：某些水生花卉的种子，如睡莲、王莲等必须贮藏于水中才能保持其发芽力。

4. 种子的萌发

种子萌发是指种子从吸胀作用开始的一系列有序的生理生化和形态发生变化过程。种子萌发涉及一系列的生理生化和形态上的变化，并受到周围环境条件的影响。

（1）萌发阶段。种子萌发过程一般可以分为3个阶段：吸胀、萌动、发芽。

①吸胀。当种子浸入水中以后，即很快吸水而膨胀。吸胀后的种子，其种皮或果皮软化，增加了透性，使氧气能进入胚及胚乳。种子的吸胀是一种非生理性的物理作用，即使是枯死的种子也可以发生吸胀作用。

②萌动。吸胀后的种子，酶活性增加。在酶的作用下，贮藏物质水解为简单的化合物供胚吸收，细胞开始分裂。进入萌动状态的种子，对外界条件的反应极为敏感。当外界条件发生了变化，或受到各种理化因素的刺激，就会引起某种生理过程的失调，导致萌发停止或迫使进入第二次休眠。

③发芽。种子萌动后，胚细胞的分裂速度急剧加快，胚的体积迅速增大，最后胚根尖端突破种皮，顺着发芽孔外伸，开始生长，最后子叶从种子顶端长出展开，露出胚芽。由于子叶的出现而发育成含有叶绿素的组织，依靠绿色的子叶开始进行光合作用，并从根部吸收无机营养，进入自养阶段，从而完成发芽全过程。

种子进入这个阶段时，呼吸作用旺盛，新陈代谢活力达到盛期，释放大量的能量是幼苗出土的动力。

种子萌发，首先，必须具备一些内在条件，如要在种子寿命期限之内，发育完全，已通过休眠阶段，种子本身要完好无霉烂破损。其次，在适宜的外界条件下，如适宜的温度，一定的水分，充足的空气，就能顺利萌发长成幼苗。

（2）影响因素。影响种子萌发的因素有温度、水分、气体、光照等。

①温度。种子发芽要求一定的温度。各种植物种子对发芽温度的要求有一定差异。种子发芽的温度要求与植物的生育习性以及生长期所处环境有关。一般喜温植物的最适发芽温度为25～35℃，而耐寒植物最适发芽温度15～25℃。

温度过高或过低都会影响种子萌发。大多数种子可以在较宽的温度范围内发芽，但也有一些种子发芽对温度要求较严格。如西瓜的发芽温度应在27～29℃；花毛茛发芽温度为15℃左右，不宜超过18℃；三色堇、报春花的发芽温度在18～20℃。对于穴盘苗生产来说，给予最佳的温度条件有利于种子萌发整齐，提高萌芽率，有助于后期幼苗管理。

②水分。水分是种子萌发的先决条件。种子吸水后才会从静止状态转向活跃，在吸收一定量水分后才会萌发。不同种类种子发芽时对水分的要求不同，秋海棠种子萌发时需要的水分比较多，而美女樱、金盏菊、飞燕草等部分种子萌发时需水量较少。一般而言，基质湿度适中就能为种子萌发提供足够的水分，水分过多会导致种子缺氧。

③气体。主要指氧气和二氧化碳对种子发芽的影响。种子萌发需要氧气。种子萌发时，有氧呼吸特别旺盛，需要足够的氧气；一些酶的活动也需要氧气。大气中氧的含量是21％，能充分满足种子萌发的需要；如果种子覆料过深或基质中水多氧少，发芽可能受阻，甚至造成烂种。二氧化碳的浓度超过一定限度时，对种子发芽有抑制作用。

④光照。光照会抑制胚根的延伸和生长，多数种子发芽时对光照不敏感，在光照充足或黑暗条件下均能正常发芽。但有些植物，如凤仙花、矮牵牛、芹菜、莴苣等，需要在光照下才能萌发；而仙客来、福禄考、苋菜、葱、韭菜等则要在黑暗的条件下才能发芽。一般而言，大多数花坛花卉种子不需要光照即可萌发，但幼苗生长初期需要光照。

5. 种子休眠

有生活力的种子在适宜的环境条件下仍不能萌发，这说明种子还处于休眠状态。休眠是植物在长期系统发育过程中获得的一种抵抗不良环境的适应性。一般休眠有以下几种情况：厚种皮阻止了水分与氧气进入种子内部；种子内含化学物质，阻止了种子发芽；胚胎在种子采收后尚未发育完全。由种皮的限制造成的，可用物理、化学方法破坏种皮或去除种壳即可解除休眠；缺少必需的激素或存在抑制萌发的物质，可用低温层积、变温处理、干燥、激素处理等方法解除休眠。

6. 种子品质检验

优良的种子除应具备品种本身的优良特性外，还应具有较高的发芽率和整齐的发芽势，同时应具备较高的纯度和净度且无病虫害。对于穴盘育苗而言，种子发芽率和发芽势是两个比较关键的因素，直接关系到种子出发芽室的时间和种苗的整齐度以及移苗的用工量。种子品质检验主要工作是检验种子的播种品质，目前主要按照中华人民共和国标准局颁布的《林木种子检验规程》（GB 2772—1999）的有关规定进行种子品质检验。

（1）抽样。抽样是抽取具有代表性、数量能满足检验需要的样品。通常采用四分法或分样器法抽取测定样品。

（2）发芽力测定。种子发芽力是指种子在适宜条件下发芽并长成植株的能力。种子发芽力是种子播种品质最重要的指标，用发芽率和发芽势表示。发芽率也称为实验室发芽率，是指在发芽实验终期（规定日期内）正常发芽种子数占供试种子数的百分率。种子发芽率高，表示有生活力的种子多，播种后出苗多。发芽势是种子发芽高峰期正常发芽种子数占供试种子数的百分率，通常以发芽实验规定的期限的最初1/3期间内的发芽数占供试种子总数的百分比表示。发芽势决定着出苗的整齐程度。发芽势高，出苗整齐，种苗生长一致，生产潜力大。其计算公式如下：

$$发芽率＝\frac{在规定的条件和时间内长成的正常幼苗数}{供试种子数}\times100\%$$

$$发芽势＝\frac{在规定的条件下发芽高峰期成长的正常幼苗数}{供试种子数}\times100\%$$

种子的生活力因种类及成熟度和贮藏条件而异。一般新采收的种子发芽率及发芽势较高，随着贮藏时间的延长会逐渐降低。

（3）种子优良度测定。优良种子具有下述感官表现：种粒饱满，胚和胚乳发育正常，呈该物种新鲜种子特有的颜色、弹性和气味。具体测定时，常采用解剖法区分优良种子和劣质种子。从洁净种子中随机取出400粒种子，分成4组进行测定。将种子用刀切开，若种皮过于硬而不易切开时，可先用温水浸种，种皮变软后再切开。观察种胚全貌。凡种粒饱满、种胚健康、色泽正常的视为优良种子。凡种粒空瘪、腐烂变质、受病虫害浸染、种胚发育不健全的视为低劣种子。

种子优良度的计算公式：

$$种子优良度 = \frac{优良种子数}{供检种子数} \times 100\%$$

（4）净度分析。种子净度是指纯净种子的质量占测定样品中总质量的百分数。纯净种子是指完整的、没有受伤害的、发育正常的种子；发育不完全的种子和难以识别的空粒；虽已破口或发芽，但仍具发芽能力的种子。净度分析是测定供检验样品中纯净种子、其他植物种子和夹杂物的质量百分率，据此推断种批的组成，了解该种批的利用价值。

净度的计算公式：

$$种子净度 = \frac{纯净种子}{(纯净种子+其他植物种子+夹杂物)} \times 100\%$$

（5）质量测定。种子质量主要指千粒重，通常指气干状态下，1 000粒种子的质量，以g为单位。千粒重能够反映种粒的大小和饱满程度，质量越大，说明种粒越大越饱满，内部含有的营养物质越多，发芽迅速整齐，出苗率高，幼苗健壮。千粒重是计算播种量的重要依据。

（6）含水量测定。种子含水量是种子中所含水分的质量与种子质量的百分比。通常将种子置于烘箱，用105℃温度烘烤8h后，测定种子前后质量之差来计算含水量。

种子含水量的计算公式：

$$种子含水量 = \frac{(干燥前供检种子质量-干燥后供检种子质量)}{干燥前供检种子质量} \times 100\%$$

测定中要求称量准确度为0.01g；两份试样测定结果，差距不得超过0.4%，否则重新测定。

（7）生活力测定。种子生活力是指种子的发芽潜在能力和种胚所具有的生命力，常用具有生命力的种子数占试验样品种子总数的百分率表示。

测定生活力常用化学药剂的溶液对种子进行浸泡处理，根据种胚（和胚乳）的染色反应来判断种子生活力。根据化学药剂不同可分为四唑染色法、靛蓝染色法、碘-碘化钾染色法。此外，也可用X射线法和紫外荧光法等进行测定。最常用的且列入国际种子检验规程的生活力测定方法是生物化学（四唑）染色法。

四唑染色法常以氯化（或溴化）三苯基四唑（2，3，5-三苯基四氮唑，简称四唑）为检验试剂。它是一种白色粉末，分子式为$C_{19}H_{15}N_4Cl$（Br）。其原理是进入种子的无色四唑水溶液，在种胚的活组织中，被脱氢酶还原生成稳定的、不溶于水的红色物质——2，3，5-三苯基甲臜。而没有生活力的种胚则无此反应。鉴定的主要依据是染色的部位，而不是染色的深浅。这种方法适用于大多数园艺植物的种子。

测定的具体方法：浸种后切开种皮和胚乳，取出种胚。加入四唑溶液，以淹没种胚为宜。四唑溶液浓度为0.1%~1%，一般用浓度为0.5%的溶液，浸染时，将盛装容器置于25~30℃的黑暗环境中。时间因树种而异，染色时间至少3h。主要依据染色面积的大小和染色部位进行判断。如果子叶有小面积未染色，胚轴仅有小粒状或短纵线未染色，均应认为有活力。因为子叶的小面积伤亡，不会影响整个胚的发芽生长。胚轴小粒状或短纵线伤亡，不会对水分和养分的输导形成大的影响。但是，胚根未染色、胚芽未染色、胚轴环状未染色、子叶基部靠近胚芽处未染色，则应视为无生活力。

（8）活力测定。种子活力是指活的种子在一定范围的环境内萌发并能产生可用苗的能力，换句话说，种子活力是指高发芽率种子批之间在田间表现的差异。种子播种后，实际得到的结果与测试的结果不同，因为穴盘苗的萌发由温度、湿度、光照和氧气决定，只有在把这4种因素控制在最佳水平，才能使种子的实际萌发力接近萌发潜力。由此可见，种子活力是比发芽率更敏感的指标，在高发芽率的种子批中，仍然表现出活力的差异。通常高发芽率的种子具有较高活力，但两者不存在正相关。种植者最关心的是在环境不利的时候能产生多少可用苗。

活力测定方法，主要有3种类型：胁迫测定法、种苗生长与评估测试法、生物化学测定法。目前，许多公司主要采取幼苗生长测定、幼苗评定试验、发芽速率测定、低温发芽试验、种子浸出液的电导率测定、加速老化测定等方法测试种子的活力。具体可参考在AOSA（2000）和ISTA（1995）颁布的手册。

相关知识二　穴盘的选择

穴盘苗生产因使用特殊的穴盘形式而得名，与将种子播于大的苗盘中的传统方式不同，穴盘育苗是将种子分播于穴孔中，发芽后，幼苗在各自的微型穴孔中生长直到可以移植。

1. 穴盘的类型

穴盘根据制造的材料分为聚苯泡沫穴盘（EPS盘）和塑料穴盘（VFT盘），塑料穴盘分为聚苯乙烯、聚氯乙烯和聚丙烯。聚苯泡沫穴盘的尺寸通常为67.8cm×34.5cm，常用的规格有128穴和200穴，颜色为白色，大多用于蔬菜育苗。塑料穴盘的尺寸通常为54cm×28cm，常用的规格有288穴、200穴、128穴、72穴等，颜色为黑色，大多用于花卉育苗。

穴盘中孔数越多，每个穴孔就越小，穴种苗对基质中的水分、养分、氧气、pH及EC的变化越敏感。穴孔越深，其进入的氧气量就越大，越有利于种苗生长。穴孔的形状一般有圆形、方形、六棱形、八棱形、星形等。目前市场上用的多为倒金字塔形，上开口或圆或方，圆形的穴孔有利于后期托盘移栽，方形的穴孔基质量更多。较好的塑料穴盘孔穴间应有通气孔，能够降低穴盘表面的湿度，增大苗株间的通气量，减少病害的发生。

穴盘的颜色会影响到根部的温度。聚苯泡沫穴盘颜色总是白的，它保温性能很好，而且反光性也很好；硬质塑料穴盘一般为黑、灰和白色。多数种植者选择使用黑色盘，尤其是冬季和春季生产，黑色盘吸光性好，光能转换成热能对种苗根部的发育更有利。

2. 穴盘的选择

穴盘生产商不同，所设计的穴盘规格也各有特色，选择穴盘时要考虑所选用的穴盘与播种机、移苗机、补苗机等相配。

一般情况下，每个穴盘的穴孔越多，相对来说，其每个穴孔的容积就越小。在选择时，除了应该考虑所播的种子的大小、形状和类型外，还需要考虑植物特点和种苗客户对种苗大小的要求。如洋葱育苗，因其在苗期就会形成小的鳞茎球，选择时应考虑用较大一些的穴孔，如128穴盘；西瓜、葫芦等瓜类育苗时，因其种子大、子叶也较大，容易挤苗，又因其生长期很短，可考虑用大一些的穴孔，如72穴盘；生菜、西兰花等普通蔬菜育苗，则可用

200 穴盘；花卉育苗，则通常可选择使用 288 穴盘。

在穴盘苗的生产中，根据生产成品目的不同所选择的穴盘规格也不尽相同。生产组合盆栽用苗的，可选择较小一些的穴孔。生产用于带盆摆放的花卉种苗，可选穴孔稍大一些的穴盘，如 128 穴盘；而生产花坛布置用苗的，可用穴孔稍小一些的穴盘，如 288 穴盘。具体选用规格可参考图 2-1。我国的穴盘种苗生产目前尚处于初级阶段。播种技术还不很成熟的种苗生产者，可考虑选用相对较大一些的穴盘，穴盘的穴孔越小，其穴盘苗管理就越难，种苗在小小的穴孔中更易出现问题，基质中的水分、营养、氧气、pH 以及可溶性盐略有波动便会对小苗造成致命的伤害。穴孔较大的盘为每株苗提供的空间大，种苗长得也更大。许多种植者选用 72 或 128 盘进行春季生产，以便加快成品花的生产速度。

蔬菜种苗和苗期较长的花卉种苗如秋海棠等，通常选用穴孔较大的穴盘，如 128、200 穴盘；虞美人、飞燕草、洋桔梗等根系扎得较深，宜选择穴孔较深的穴盘；天竺葵、非洲菊、仙客来以及部分多年生植物开始阶段一般使用穴孔较小的穴盘，如 288 穴盘，然后再移栽到较大穴孔的穴盘中，如 128 穴盘。

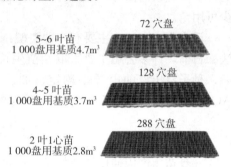

72 穴盘
5~6 叶苗
1 000 盘用基质4.7m³

128 穴盘
4~5 叶苗
1 000 盘用基质3.7m³

288 穴盘
2 叶1心苗
1 000 盘用基质2.8m³

图 2-1　穴盘的选择

3. 穴盘的消毒

对于质地较薄的穴盘来讲，重复使用次数不宜超过 2～3 次，长时间的搬动会造成穴盘断裂，种苗分离机、移苗机对穴盘也会产生机械性磨损，栽培基质便会从穴盘底孔漏出。如果穴盘要重复利用，则必须对已使用过的穴盘进行挑选，剔除那些老化、破损的穴盘，然后把想要再次利用的穴盘彻底清洗干净并进行消毒，尤其是可能有矮壮素残留的穴盘。

穴盘消毒，建议不使用漂白剂，原因是部分穴盘可以吸收漂白剂中的氯，并与聚苯乙烯反应，形成有毒的化合物。它会严重影响到下季作物的生长，尤其是秋海棠，对其更为敏感。把已用过的穴盘彻底清洗干净后，再放到季铵盐如"绿盾"等一类的表面消毒剂中进行消毒。比较简易的方法是用触杀性杀菌剂如硫菌灵、多菌灵等药液浸泡消毒。切记，消过毒的盘在使用前必须彻底洗净晾干。如果泡沫穴盘的密度很高，高温下不致融化的话，可以考虑用蒸汽消毒法进行消毒。

采用作为穴盘育苗的补充，平盘育苗技术在从传统育苗到穴盘育苗的过渡中起到了相当重要的作用。平盘箱播来完成一些很难用穴盘来生产的种苗的生产是很必要的，如播种不包衣的四季海棠、大岩桐、矮牵牛等极细小种子，以及一些发芽很不整齐的种子。在 20 世纪 90 年代中后期，箱播育苗在我国花卉生产中处于相当重要的地位。通常使用的箱播容器主要有材质为塑料的正方形平盘、长方形平盘以及各地自制的木箱、铁箱等，平盘的外形尺寸最好和穴盘的规格一致，这样可以使苗床的利用率提高，外观整齐一致，有利于生产管理。平盘箱播的基质一般采用泥炭、珍珠岩、蛭石等材料，填好基质后浇透水再进行播种。和穴盘规格相同的平盘每盘播种量在 400～800 粒，应该注意要将种子均匀地播到平盘内。

相关知识三　基质种类及特性

传统农业是以土壤为栽培基质，现代园艺和工厂化穴盘育苗使用的大多是无土基质。无土基质大都具有无毒、质量轻、质量均衡、通气透水良好、价格便宜，且易干燥操作及标准化应用的特点，基质本身，一般不含或极少含有养分。

基质（介质）是穴盘生产中问题产生的主要根源。良好的基质必须有足够的营养、适宜的 pH 范围以及良好的根系生长环境，还要有一定的缓冲作用，可以使植物具有稳定的生长环境，即当本外来物质或植物本身的新陈代谢过程产生一些有害物质危害根系时，缓冲作用会将这些危害消除。常用穴盘育苗生产的基质的有泥炭、蛭石、珍珠岩等。

1. 基质的物理特性

对植物栽培影响较大的物理特性主要有容重、总孔隙度、大小孔隙比以及颗粒大小等。

（1）容重。容重是指单位体积基质的质量，用 g/L 或 g/cm^3 表示，反映基质的疏松、紧实程度。容重过大，则基质过于紧实，透气、透水性相对较差，不利于植物根系的生长；容重过小，则基质过于疏松，虽透气性相对较好，但浇水时容易漂浮，不利于固定植株，水分管理很困难。

（2）总孔隙度。总孔隙度是指基质中持水孔隙和透气孔隙的总和，以相当于基质体积的百分数来表示。总孔隙度大的基质，其空气和水分的容纳空间就大，质量轻，疏松透气，有利于植物根系的生长，但对于植物根系的支撑固定作用的效果较差，易倒伏，例如，蛭石的总孔隙度为 90%～95% 以上；总孔隙度较小的基质比较重，水、气的容纳量较少，如沙的总孔隙度约为 30.5%，不利于植物根系的伸展。因此，为了克服单一基质总孔隙度过大或过小的弊病，生产中常将几种基质混合起来使用。

（3）大小孔隙比。大孔隙是指基质中空气所能占据的空间，即通气孔隙或称自由孔隙；小孔隙是指基质中水分所能占据的空间，即持水孔隙。通气孔隙和持水孔隙之比，即为大小孔隙比，能够反映出基质中水、气之间的状况，是衡量基质优劣的重要指标。如果大小孔隙比大，说明空气容量大，而持水容量小，即贮水力弱而通透性强；反之，则空气容量小而持水容量大。一般而言，基质大小孔隙比在 1∶（2～4）为宜。

（4）颗粒大小。颗粒大小是指基质颗粒的直径大小，用 mm 表示。颗粒大小直接影响着容重、总孔隙度和大小孔隙比。同一种基质如果颗粒太大，虽然透气性好，但相对持水力就较差，会增加浇水的频率；反之，颗粒太小，持水力增强，但透气性就会降低，根系生长不良。

2. 基质的化学特性

对植物栽培影响较大的化学特性主要有稳定性、酸碱性、阳离子代换量、缓冲作用、电导率等。

（1）稳定性。基质发生化学反应的难易程度。

（2）酸碱性（pH）。大多数植物喜欢微酸性的生长基质，基质过酸或者过碱都会影响植物营养的均衡及稳定。

（3）阳离子代换量。基质的阳离子代换量以 100g 基质代换吸收阳离子的毫摩尔数来表示。有些基质中阳离子代换量很低，有些却很高，会对基质中的营养液产生很大的影响。

（4）缓冲作用。基质的缓冲作用是指基质在加入酸碱物质后，基质本身具有的缓和酸碱变化的能力。总的来说，植物性基质都有缓冲能力，但大多数矿物性基质缓冲能力都很弱。

（5）电导率（EC）。基质的电导率反映基质中原来带有的可溶性盐的多少，直接影响营养液的平衡。EC 低，便于在使用过程中调配，不会对植物造成伤害。

3. 基质的分类

基质的分类没有统一的标准，分类方法较多。

按基质的组成成分可分为有机基质和无机基质两类，如沙、岩棉、蛭石和珍珠岩等都是无机物质，称为无机基质；而树皮、泥炭、藤渣、椰壳是有机残体，称为有机基质。

按基质的性质可分为惰性基质和活性基质两类。惰性基质是指本身不能提供养分，仅起支持作用，如沙、岩棉、石砾等；活性基质是指基质本身可以为植物提供一定的营养成分或具有阳离子代换量，如泥炭、蛭石等。

按基质使用时组分不同可分为单一基质和混合基质。单一基质是指以一种基质为生长基质的，如沙。混合基质是指有两种或两种以上的基质按一定的比例混合制成的基质。生产商为了克服单一基质可能造成的容量过轻、过重、通气不良或持水不够等弊病，常将几种基质混合，形成混合基质使用。

4. 穴盘种苗生产上常用的基质种类

（1）泥炭。泥炭是一种特殊的半分解的水生或沼泽植物，世界各地都有分布。因形成泥炭的植物分解程度、化学物质含量及酸化程度的不同，其物理、化学性质相差很大。

根据形成植物的不同，一般可分为两类：一类是草炭，另一类是泥炭藓。

形成草炭的植物为莎草或芦苇。由于莎草和芦苇都是较高等的维管植物，一旦死亡，维管束便失去吸水能力，通气量便明显下降，加上原生环境下草炭的 pH 在 5.5 左右，病菌易生长，我国东北产的泥炭即是这类泥炭。虽可以用作穴盘种苗生产，但很多方面不能满足穴盘种苗生产的要求，其各项指标与种苗生产基质的要求相差甚远。

世界上有 300 多个泥炭藓种，这是一个非常重要的植物群，它们覆盖了沼泽地和浅湖，改变着地表的生态系统。泥炭藓是属于较原始的苔藓植物，其底部死亡形成泥炭的同时，植株的顶部还在继续生长。泥炭藓由死细胞和活细胞组成，活细胞部分包括含叶绿素和不含叶绿素的空腔细胞两种。空腔细胞含有水和空气，活体细胞连成网状，环围着泥炭藓细胞。形成加拿大泥炭的植物是泥炭藓植物。

泥炭藓的园艺价值主要是泥炭藓中具有空腔的薄壁细胞，此细胞具有吸收和传输水分的功能。泥炭藓叶和茎的细胞表皮具有活性，能像高等植物的根毛和表皮细胞一样吸收养分，可直接用作栽培基质。加拿大的泥炭藓，即我们通常所说的进口泥炭，是一种目前可以获得的、理想的栽培基质材料。

下面以发发得（Fafard）泥炭为例，介绍原产加拿大东部的泥炭的物理性质和化学性质：

pH：3.4～4.4（典型的是 3.4～3.8）；

EC：0.1～0.3mS/cm；

含水量：35%～55%（按质量计）；

容重：0.1～0.14g/cm³；

全氮量占干重：0.8%～1.2%；

阳离子交换量：100～140mmol/100g；

总孔隙度：95%～97%；

自由孔隙度：12%～40%；

持水量：55%～83%；

吸水能力：自身干重的 8～20 倍；

Von Post 分解度：H1～H2。

（2）蛭石。蛭石是一种叶片状的矿物，外表类似云母，是由蛭石精矿经膨胀加工而形成的。膨胀蛭石具有较好的物理特性，包括防火性、绝热性、附着性、抗裂性、抗碎性、抗震性、无菌性及对液体的吸附性。一般情况下，用于园艺的是较粗的膨胀蛭石，其通气性和保水性均优于细的蛭石。目前，市场上供应的园艺用蛭石根据片径大小分级销售。种苗生产用的蛭石片径最好在3～5mm。蛭石不耐压力，特别是在高温的时候，因施压会把其有孔的物理性能破坏，生产中通常是按一定比例混入泥炭中使用。

（3）珍珠岩。珍珠岩是火山岩浆的硅化合物，用机械法把矿石打碎并筛选，再放入火炉内加热到 1 400℃，经膨胀加工而形成的多孔的小颗粒。比蛭石要轻得多，颜色为白色。珍珠岩较轻，容重为 $100kg/m^3$，通气良好，无营养成分，质地均一，不分解，无化学缓冲能力，阳离子代换量较低，pH 在 7～7.5，对化学和蒸汽消毒都很稳定。珍珠岩内含有钠、铝和少量的可溶性氟，可能会伤害某些植物。因其在高温下形成，同蛭石一样，它没有任何病菌。一般粒径 2～4 mm 的珍珠岩适合在种苗生产上使用。由于珍珠岩容重过轻，浇水后常会浮于基质表面，造成基质分层，以至于上部过干、下部过湿，一般与其他基质混合使用为宜。

5. 育苗基质的要求

用于工厂化育苗基质需达到以下要求：

①具备良好的透气性和排水性，具有较强的持水力。

②EC 低，且有足够的阳离子交换能力，能够持续提供植物生长所需的各种元素。

③材料选择标准一致，不含有毒物质且无病菌、害虫及杂草种子等。

④尽可能达到或接近理想基质的固、气、液相标准。比较理想的是含有 50％的固形物、25％的空气和 25％的水分。

质量好的基质应该具有保水性和良好的透水性，若基质气孔率低于 2％，就会造成蓄水太多，限制了根和根毛的充分发育。泥炭是常用的成分，其次是蛭石和珍珠岩。一般泥炭、蛭石、珍珠岩的配比比例为 3∶1∶1。加拿大泥炭和国产的东北泥炭相比，进口泥炭一般都经过彻底消毒，不易发生苗期病害，而且，进口泥炭的 pH 与 EC 均已经过调节，可直接应用于生产，使用非常方便，但价格是国产的数倍之多，多作为高档植物育苗时使用。

穴盘孔穴的大小和基质的操作，会影响基质的保水性和透水性。在较浅的穴盘中，保水能力增加，但气孔率降低；增加穴盘的深度，有利于借助重力排水。以泥炭为主的基质填入穴盘前喷些水，将有利于增加基质的 AP（孔隙度）与 WHC（保水力）的比率。穴盘不正确的码放，容易造成基质的挤压将降低基质中的气孔率。

对每批买进的基质或自己配制的基质，使用前进行 pH 和 EC 测试。

基质的 pH 决定幼苗可从基质中吸收的营养，对大多数植物来说，好的基质初始 pH 为 5.5～5.8，而秋海棠、万寿菊、凤仙花和洋桔梗的 pH 应增加到 6.0～6.2。基质 pH 太高（>6.5），将造成微量元素的缺乏和钙的过量；pH 低（<5.5）则造成微量元素过剩，大量元素缺乏。基质初始的可溶性盐的含量和浓度，应低于 0.75mS/cm。若可溶性盐高于这个数值应把样品送到实验室，以确定是哪些盐过高；若可溶性盐的初始浓度低于 0.75mS/cm，且氮和磷含量低，将有利于种子的萌发和控制苗的早期徒长。若基质中没有初始值，需要测定 pH 和 EC。跟踪实验结果，以便对 pH 和可溶性盐的水平进行适当调整。

相关知识四　水质的要求

在穴盘苗的生产中，水是最重要的因素。水质差会对植物生长造成很多不良影响，如阻碍基质的透气性和透水性、对叶和根系产生直接的危害、导致某种元素的过多或过少、传播真菌和细菌病害等，导致植株发育不良、植株萎黄等。因此，在生产之前必须对水质有详细的了解。

1. 水质的标准

水质检测大约可分为 4 大类：pH 和碱性、可溶性盐、钠吸收率、水中营养成分。穴盘育苗的水质标准如表 2-3 所示。

表 2-3　穴盘苗生产水质标准

指标项目	标准值	指标项目	标准值
pH	5.5～6.5	钠	<40mg/L
碱度（以 CaCO$_3$ 计）	60～80mg/L	氯	<80mg/L
EC	<1.0mS/cm	钼	<0.02mg/L
钠离子吸收率	<2	硼	<0.5mg/L
硝酸根	<5mg/L	氟	<1mg/L
磷	<5mg/L	铁	<5mg/L
钾	<10mg/L	锰	<2mg/L
钙	40～120mg/L	锌	<5mg/L
镁	6～25mg/L	铜	<0.2mg/L
硫酸根	24～240mg/L		

注：碱度是由溶解在水中的碳酸氢盐（HCO$_3^-$）、碳酸盐（CO$_3^{2-}$）和氢氧化物（OH$^-$）的总量决定的，可定义为水中和酸性物质的能力，用每千克水中所含 CO$_3^{2-}$ 的毫克数来表示。

$$钠离子吸收率 = \frac{C_{Na^+}}{\sqrt{C_{Na^{2+}} + \dfrac{C_{Mg^{2+}}}{2}}}$$

水的碱度直接影响生长基质的 pH 和植物对营养的吸收，对穴盘苗生产而言，应保持水的碱度为 60～80mg/L，水中可溶性盐类浓度应低于 1.0mS/cm，若盐类高于标准水平，应知道哪些盐类在起作用。钠对钙和镁有竞争作用，这种关系可用钠的吸收率表示，应保证钠小于 40mg/kg，钠离子吸收率（SAR）<2。

2. 水质的调整

水质问题是指高碱、低碱、高可溶性盐、高钠、高钙、低钙、高镁、低镁、高氯化物、高硼等，主要措施有针对性使用某种化肥、向灌溉水加酸、转换水源或用反渗透的方法清洗水质。

（1）化肥调节。中等碱度的水质（100～200mg/kg），可用增施酸性肥料的方法加以调整。如 21-7-7、20-20-20、20-10-20 等配方的水溶性肥料。酸性化肥的使用量应与控制穴盘苗的生长以及植物类型相结合。用钙镁含量高的化肥，可以增加低碱度水（小于 50mg/L）的缓冲能力。

（2）加酸。用加酸的办法控制较高碱度的水质（150～400mg/L）。常用的无机酸有硫酸、磷酸、硝酸等；有机酸有草酸、醋酸等。无机酸酸性强，中和能力强，用量少；有机酸对植物无毒害，但因酸性弱，成本高，较少使用。

加酸时应注意考虑用何种酸以及使用量。磷酸每 1 000L 不超过 109mL，否则会束缚铁离子；硫酸每 1 000L 不超过 109mL，否则会束缚钙离子。所有的酸都具有极强的腐蚀性，尤其是硫酸和硝酸，操作时要使用 PVC 塑料管道以防腐蚀。此外，一定要先加酸再注肥，切勿把两种浓缩液混合到一起。通常在水管的末端测试水的碱度和 pH，确保酸碱度在正常范围内，因为磷酸中含有磷，硝酸中含有氮，所以在计算施肥量时，要把它们算在内。

用磷酸和硫酸中和水中碱度的用量如表 2-4 所示。

表 2-4　用磷酸和硫酸中和水中碱度的用量

水的碱度（以 $CaCO_3$ 计，mg/L）	酸的毫升数/1 000L 水	
	93％硫酸	85％磷酸
50	13.67	27.34
100	27.34	54.68
150	41.01	82.03
200	54.68	109.37
250	68.36	136.71
300	82.03	164.05
350	95.7	—
400	109.37	—
450	123.04	—
500	136.71	—

（3）转换水源。若水质太差，应考虑转换水源，如城市用水、池塘水、雨水或附近的其他水井。如果使用的井水碱度、可溶性盐、硼、钠或氯化物都过高，就应对其他合适的水源进行检测，找出合适的替代水源。

如果使用蓄水池收集已使用过的水或者收集雨水，要在池塘中铺设塑料衬里，以防止水下渗流失。使用这种水的缺陷有：①废水再利用时水的盐分高；②废水再利用水为富营养水或静止水，容易滋生藻类；③一年之中，有时候降水量低，蒸发量大，蓄水量不稳定；④很难保证这种水中不含有细菌、真菌等对所种植植物有害的病原体。如果使用这类水作为灌溉水，在对水质进行检测时，不但要检测水中的盐分和营养，而且还要检测是否有疫霉病菌以及其他致病微生物。为了避免病害侵入，可以向灌溉用主管道中注入少量的（1～2mg/kg）氯进行消毒。通过使用水处理系统，如石英砂过滤系统、离子交换柱、反渗透过滤系统，去除水中的杂质、藻类、细菌、有害金属离子，降低水中的盐分和碱度。

（4）反渗透（R/O）法。转换水源不可行时，应考虑用逆向渗透或反渗透（R/O）法。逆向渗透即利用压力和渗透膜将溶化了的盐和有机物从水中分离出来。温室的反渗透（R/O）系统由 3 个基本部分组成：水质预处理、逆渗透主体装置和蓄水槽。预处理可防止渗透膜在逆渗透过程中被细菌和钙、镁、铁等污染。这类薄膜一般制作精良、价格很高，膜的有效性取决于膜本身的质量状态。典型的预处理过程是将水进行氯化消毒，若有细菌，需先将它们处理掉。下一步是注酸，要使用注酸泵注酸，中和多余的碳酸氢盐，以降低 pH；或者使水软化，这两种方法都能去掉钙离子和镁离子。另外，可以用双重介质沉淀过滤器将铁和其他一些悬浮物清除掉。

反渗透（R/O）法比加酸或转换水源成本高。

相关知识五　肥料和养分

植物的生长需要各种矿物质元素，其中，大量元素有氮、磷、钾、硫、钙、镁，微量元素有铁、锰、铜、锌、硼、钼等。各营养元素构成植物活体的结构物质和生活物质，在植物代谢过程中起催化作用，对植物具有特殊的功能，如调节细胞的透性、增强抗逆性等。

植物养分的吸收受外界环境条件的影响。影响矿质元素吸收的外界因素主要有温度、光照、基质 pH、养分浓度和基质中离子间的互相作用。

现代的穴盘种苗生产大多使用水溶性速效多元复合肥。水溶性肥料具有易溶解、易被植物吸收、肥效快、分布均匀、较易控制植株生长等优点；缺点是不适用于生长期很长的植物，水溶性肥料在土壤中的使用效果不如在介质中好，施用水溶性肥料需较高技术，而且费工，易从生长介质中流失，造成浪费与污染。

有机肥和缓释性肥料的肥效较缓慢，营养的释放情况很难控制，多用于露地栽培，作基肥使用。

1. 常用水溶性肥料

(1) 20-10-20 肥料。此肥料中氮（N）含量为 20%、磷（P_2O_5）含量为 10%、钾（K_2O）含量为 20%，是最常用的种苗肥料。其中的氮有 60% 是硝态氮，40% 是铵态氮。适用于种苗生长和花卉定植后快速生长时使用，一般须与 14-0-14 肥料交替使用。在冬天要减少 20-10-20 肥料的使用。

(2) 14-0-14 肥料。此肥料中氮（N）含量为 14%、磷（P_2O_5）含量为 0、钾（K_2O）含量为 14%。适用于花卉、蔬菜等种苗的培养，也适用于花卉生长，特别是生长后期及冬天生长较慢时使用。一般须与 20-10-20 肥料交替使用。

(3) 10-30-20 肥料。此肥料中氮（N）含量为 10%、磷（P_2O_5）含量为 30%、钾（K_2O）含量为 20%。该肥料可溶性磷酸含量很高，能促进植物幼苗根部发育和开花结果。常用于花卉、蔬菜种苗生产，在开花时与 14-0-14 肥料交替使用。

(4) 30-10-10 肥料。此肥料中氮（N）含量为 30%、磷（P_2O_5）含量为 10%、钾（K_2O）含量为 10%。兰花常用此肥，也常用于观叶植物。

(5) 20-20-20 肥料。此肥料中氮（N）含量为 20%、磷（P_2O_5）含量为 20%、钾（K_2O）含量为 20%。属于通用肥，多用于喜强光的木本植物和花卉，可根施也可叶面喷施。因铵态氮、NH_4^+ 含量较高，植物生长较快，可与 14-0-14 肥料交替使用。在冬天及阴天时停用 20-20-20 肥料。

2. 控释性肥料

控释性肥料是为生长期长且经济价值高的植物设计的，其特性是能长期缓慢地释放养分。早期的控释性肥料，其化学成分不易溶于水，靠介质水分与微生物来分解释放。现在的控释性肥料，其化学成分本身可溶于水，只是被包在膜内（膜的成分是聚合物），靠介质水分流入膜内将其溶解再慢慢释放出来。

控释肥长期缓慢释放出养分，适合生长周期长的植物如盆花、苗木。现在也有生产者在穴盘种苗生产上开始选用控释肥，尤其是那些苗期长的种苗。

使用时，可预先把肥料掺入介质中，栽培时也可把肥料直接施放在容器介质上部。控释性肥料的释放速度主要与温度和包膜厚度有关。控释肥为配方肥料，大部分在早期释放得快，而末期逐渐减少。包膜控释性肥料都标有控释的时间，即在22℃温度下的控释速度。

常用的控释性肥料有：

OSMOCOTE（奥绿肥）是较早的产品，它是用树脂（resin）为膜的原料，水气进入膜后，会把膜胀大、变薄。早期释放出的肥料偏大。

APEX（爱贝施），其控释技术采用的是Polyon渗透释放技术，以polyurethane为膜原料，它在吸水后不会像奥绿肥一样膨胀得很大，其释放速度也是由温度与膜厚度决定的。但早期释放出的肥料仍然浓度偏高。

NUTRICOTE，采用polyolefin为原料，它的膜不会膨胀，在施用初期不会大量释放出肥料。其释放速度取决于温度与水分，与膜厚度无关。

肥料、水的碱度和基质中的石灰石可以调控基质pH，肥料可以是酸性的或碱性的。潜在的酸碱性能使你预测肥料对基质pH的影响。铵态氮肥（＞25％）是酸性的，硝态氮肥（＞75％），特别是硝酸钙是碱性的。基质的pH决定了植物对养分吸收的有效性，pH在5.5～6.5，养分吸收的有效性最好。根据环境条件、含水量、作物和生长阶段来保持铵态氮和硝态氮的平衡，以控制植物的生长。

保持1N：1K：1Ca：1/2Mg：（1/5～1/10）P的比率对植物最有利。铁：锰=2：1。硼的水平应在0.25～0.5mg/kg，钠的水平应低于40mg/kg。铵态氮肥将使植物的枝条生长超过根的生长，使植物的叶片长得比较大，叶片深绿，它也使营养生长超过生殖生长。钙和镁对根的生长，叶和茎的变厚以及光合作用是必不可少的。但很多肥料几乎不含或根本不含钙和镁，要提供一些钙和镁。一种肥料不能对所有的植物在所有的时间都起作用。植物养分混乱的情况超过80％与基质pH和EC有关。要控制肥料的用量和次数以及类型。

3. 生长抑制剂

穴盘育苗中使用比较多的是生长抑制剂，其作用为抑制植物产生赤霉素，抑制细胞分裂和细胞生长而使植物节间变短，达到矮化的目的。

常用的抑制剂种类：

丁酰肼（比久），又称为二甲基氨基琥珀酰胺酸。生产上常采用叶片喷施来使植物吸收。使用较方便，适用于多种植物，一般的浓度范围是2 500～5 000mg/L，植物吸收缓慢，在凉爽的气候下使用效果较好。

矮壮素（CCC），又称为氯化氯胆碱。适用于多种植物，一般的浓度范围是250～1 000 mg/L，植物吸收缓慢，使用浓度过高时会引起植物中毒，出现黄色的晕圈。许多生产者常用矮壮素和丁酰肼混合后喷施，有成倍的效果。

嘧啶醇（A-rest）。适用于多种植物，效果比单独使用丁酰肼或矮壮素都好，使用简便，一般的浓度范围是10～200mg/L，能被植物的根系、叶片、茎秆迅速吸收，使植物转绿。

多效唑（Bonzi）。适用于多种植物，在温暖气候下效果最好，能被植物的根系、茎秆迅速吸收，植物敏感。使用前要做浓度试验，使用时要谨慎，如过量，植物会停止生长。

不同的人、不同的技术、不同的时间喷洒，有可能会产生不同的效果，最好做个小型测试，以确定什么化学制剂最有效且在什么环境和条件下作用效果最佳。

相关知识六　穴盘育苗配套设施

要给幼小的植物在微小的穴盘中创造最佳的生长环境必须有良好的温室结构和设备保

证。高效益的温室，具有屋檐高、室内空气流通好、加热和降温性能优的特点；在温室内设置两条独立的水管，一条通清水，一条通肥水，使用双头肥水注射器，以便灵活使用不同的肥料或浓度；自动控制系统能够根据综合信息决定对温、光、二氧化碳、相对湿度及其他因子的控制，以提供最佳穴盘苗生长条件。

穴盘种苗生产常用的设施设备有温室（包括温室内部设施）、准备房、播种设备、催芽室、水肥系统等。

1. 温室

选择温室的主要因素有地理位置、气候特点、生产目的、栽培方式、机械化程度高低以及造价等。各地各企业的情况不同，可选择相应适宜的温室，受条件限制的也可采用日光温室和塑料大棚。

（1）温室的类型。温室有单体温室和连栋温室两种，形状有拱形、高肩拱顶、高肩尖顶、高肩锯齿顶。

单体温室由一个屋脊构成的温室称为单体温室。目前园艺生产上使用的，主要有单体钢管大棚和日光温室等类型。

连栋温室是由若干个单栋温室串连而建立的大型温室。连栋温室按覆盖材料来分有聚乙烯薄膜、PC板、PVC透光板、聚碳酸酯中空板、玻璃纤维板、玻璃等。玻璃温室具有高透光率、寿命长等优点，但造价太高，夏天降温较难，保温性比薄膜温室差。PC板温室有较高的透光率、保温性好、寿命长等优点，但造价较高，用了一段时间以后透光率下降，影响温室的采光量。薄膜温室具有保温性强、造价合理等优点，但覆盖材料使用年限短，透光率不如玻璃温室。现在大部分种苗生产者均采用双层充气聚乙烯薄膜，优点是造价低，保温性能较好，但透光性差，使用寿命短，一般为3~5年。温室上膜时内外层都要绷紧，防滴面朝外，减少内层局部积水。定期检修充气风机，使之始终保持充气状态。在大风天气尤其应注意薄膜的充气情况。

近年来，高肩连栋温室因为其具有空气容量大利于保温、垂直空间大便于机械设备安装及管线排布、更适合机械化生产操作、节省劳动力等优点，使用越来越普遍。

（2）温室的内部设施。温室内部设施包括遮阳设施、加温设施、降温设施、苗床系统、光照系统、通风系统、道路、地布、运输系统等。

①遮阳设施。在炎热的夏天，温度非常高，光照也非常强，对有些种苗来说会导致植株灼伤，这时就可以采用遮阳网来遮住一部分阳光，降低光照度，同时也能降低温室内的温度。遮阳设施主要分外遮阳系统和内遮阳系统，目前常用遮阳网。

遮阳网的颜色有黑色、银灰色两种，其中银灰色的对光线的反射作用更强一些，遮光率从40%~90%的规格很多，可根据植物对光照度不同的要求，选择相应遮光率的遮阳网和决定遮阳网的开启或闭合。一般清早和傍晚的光照较弱，可以不用遮阳。另外，过长时间遮阳，会导致植物徒长。

很多温室有内外两层遮阳，夏季降温效果更加明显。有的遮阳网表面复合了一层薄膜，在冬季夜晚开启，还能起到保温的作用。

②加温设施。主要有燃油（煤）热风加温、热水管道加温、蒸汽管道加温等几种方法，可根据各地的具体情况、温室的面积和加温要求来配置加温设施。

目前，采用燃油热风炉加温的较多，燃油风机的功率和数量应与温室面积及要求的加热温度相匹配。废气排放管道要求连接紧密，防止有害气体渗漏到温室内。风道在苗床下加热效果比较好。风道的布置要均匀，风道上的开孔应与苗床平行，离风机越远开孔越多。每天检查设置温度和油位，记录燃油量，及时加油。

热水管道加温是在苗床下铺设暖水管道，利用循环热水进行加温，运行安全性好。

冬季，种苗生产温室内的平均气温应不低于18℃，最低气温不低于15℃。实际生产上，很多种苗场的最低种苗生产气温控制在12℃左右。

③降温设施。采用遮阳和加强通风可以起到一定的降温作用，但是如果要求在夏天生产反季节种苗，那么就可以配备湿帘通风系统来达到降温效果。

具体做法是：在温室的靠北面的墙上安装上专门的纸制湿帘（厚度10～15cm），在对应的温室墙面上安装大功率排风扇。使用时必须将整个温室封闭起来，开启湿帘水泵使整个湿帘充满水分，再打开排风扇排出温室内的空气，吸入外间的空气，外间的热空气通过湿帘时因水分的蒸发而使进入温室的空气温度较低，从而达到降低温室内温度的目的。另外也可以采用微雾系统来降温，但由于其湿度太大，降温效果往往不尽如人意。

④苗床系统。在穴盘育苗中，苗床是必不可少的，通常要求苗床干净、整洁、便于操作。苗床可直接放在地面，或高架苗床床面离地面高度为70～80cm，无论哪种，力争所有苗床在一个水平面，这样穴盘苗的水肥状况才比较一致。

苗床一般分固定式和移动式两种，材料现多采用镀锌钢材。

固定式苗床造价较低，使用方便，但因苗床本身不能移动，每一苗床间必须留有通道，因而温室利用率较低。移动苗床不管是纵向分布还是横向分布，都因其能移动，每跨温室只需留一条通道，其温室利用率较固定式苗床高。一般来说，固定苗床的利用率为温室面积的60％～70％，移动式苗床的利用率可以达到75％～85％，移动式苗床因其可提高温室利用率而越来越受到欢迎。

目前，还有一种苗床是采用EPS泡沫穴盘放在专门的苗床架上，既可以直接采用EPS穴盘育苗，也可以将EPS穴盘翻过来作为苗床面使用。

⑤光照系统。在冬天或连续的阴雨天气会使温室中的光照严重不足，从而导致种苗的生长不良；而有些植物必须用光照处理来调节生长。

因而在温室中最好有加光装置，光源可采用白炽灯、日光灯、高压钠灯、金属卤灯等，在种苗生产中最好采用高压钠灯和金属卤灯作为加光的光源。

⑥通风系统。良好的通风性能对种苗生产来说是非常重要的。目前，应用较多的是结合湿帘系统的大型通风机和温室内部循环风扇。

通过大型通风机可实现温室内外空气交换，而内部循环风扇可以使温室内部空气实现循环而达到降低叶片表面湿度和夏季辅助降温的目的。

在冬天和多雨季节，温室内空气湿度相当高，温室内部的空气循环有助于降低植株茎叶表面的水分和减少病虫害的发生。

⑦道路、地布。在温室内的主要通道和苗床间的通道最好用钢筋水泥浇灌，以便于生产操作和运输工具的进出。有条件的可以添加悬挂式或地轨式的内部搬运系统。为防止地面杂草的生长，也便于卫生清理，在温室内部介质裸露部分最好能铺设园艺地布或小碎石。

⑧其他。没有设立环境自动调节和运行系统的温室还应该配备温度计、湿度计、光照计

等，用来观察温室内的温度、湿度、光照等变化。根据实际需要还可以配置施肥器、二氧化碳发生器和硫黄熏蒸器、内部移动运输及辅助浇水等设施。

施肥器，一般使用的是水流式无动力比例施肥器。使用时应注意必须使用溶解性较好的水溶性肥料，否则易堵塞施肥器同时施肥浓度不准确。给植物施肥前，一定要检测施肥器是否工作正常，可通过测量稀释后肥液的 EC 来判定。调节施肥器至一个确定的稀释比例，如 $1:100$，不要频繁更换，防止发生肥害或药害。施肥器需要一定的工作水压，$0.3\sim6kg/cm^2$。正常工作时，每 15s 工作不要超过 40 下，否则需要更换大规格的施肥器。每周清洗一次过滤器，吸入清水冲洗施肥器 5min，使用 200 目 $/80\mu m$ 的过滤器，过滤器接在入水口的一侧。施肥器上标有水流的方向，在施肥器出水口的一侧接一个开关。施肥器的密封圈每年更换一次，如果要拆洗施肥器，要仔细阅读说明书，因为大部分零件是塑料的。

二氧化碳发生器，工作机理是燃烧甲烷，释放出二氧化碳气体。为了增强光合作用效果，温室中需要补充二氧化碳。二氧化碳浓度在 $700\sim1\,500mg/L$ 范围内，光合作用效果最好。二氧化碳的密度比空气大，所以二氧化碳发生器应架在高于床面的地方。工作时，应打开环流风扇，加强空气循环，使温室内各处的二氧化碳浓度比较均匀。需要注意的是：补充二氧化碳的效果与光强、温度、植物营养、植物种类以及生育阶段有很大的关系。

硫黄熏蒸器，硫黄经加热，达到熔点后升华为单质硫的气体，起到灭菌的作用。使用硫黄熏蒸器，控制白粉病、锈病效果较好，其次是霜霉病、灰霉病。硫氧化后产生的二氧化硫有漂白作用，开花时尽量少用。另外如果植株表面多水，二氧化硫会与水发生化学反应生成硫酸，引起植物灼伤，这点要非常注意。

每个硫黄熏蒸器的作用范围在 $100\sim120m^2$。每次熏蒸 $2\sim3h$ 即可，1 周 1 次，发病高峰期可 1 周 2 次。熏蒸一般在夜间进行，第二天清晨应及时通风换气。

2. 准备房

在现代种苗生产中，与温室配套的准备房是很有用的，准备房中可以设有发芽室、播种间、介质仓库、资材仓库、控制室、操作间、包装间等，有条件的还可以把办公室也包括在内。准备房一般可采用钢架结构或砖混凝土结构，位于温室的一端。

一般来说，准备房的面积应该达到温室面积的 $10\%\sim15\%$，大型种苗场要求准备房建造在场圃的中间地块，这样可缩短从准备房到任何一个温室的距离，节约劳力和时间，提高工作效率。

3. 水肥系统

植物生长离不开水和肥料，在现代种苗生产中应该具备较好的水肥设施设备，其中包括水源、水处理设备、灌溉管道、浇水工具、自走式浇水机、自动肥料配比机、喷雾器及各种容器等。

（1）水处理设备。常规的水处理设备有沉淀池，沉沙式、叠片式和网式过滤器，氢与氢氧离子树脂交换器，反渗透水源处理器，加酸配比机等。这些设备可以装在蓄水池边，也可以安装在准备房内。

（2）灌溉管道。为便于种苗的浇水管理，可以按温室的大小和生产模式来安装灌溉管道。为防止在管道内部产生青苔，通常采用不透明的 U-PVC 给水管道。铺设原则是每跨温室内都至少有一个出水口，口径不小于 20mm。位置最好在温室的主要通道边上，可以采用手动阀门，也可以用电磁阀进行自动控制。另外还需要人工浇水用的塑料软管。

（3）自走式浇水机。自走式浇水机的显著优点是：浇水整齐均匀，效率高、速度快，而且省水、省工、省空间，比一般用手工浇水省 40％ 的水，比固定喷雾省 25％。自走式浇水机不但可以浇水、施肥，也可喷施农药与生长调节剂。

自走式浇水机由 3 部分组成：第一部分是控制系统，可用微电脑进行编程设置，并通过磁性开关来控制浇水工作，使浇水机在一个区域内往返浇水；第二部分是动力部分，由马达推动 4 个轮子作移动动力，可用减速电机或机械皮带来控制速度；第三部分为浇水机构。通常自走式浇水机的动力部分在中间，两旁各有一根浇水横杆，由中间延伸到两侧，横贯整个温室的一跨。浇水横梁通常为圆形或方型不锈钢管，上面有等距离浇水喷头，喷出的水通常为扇形。几个喷头所喷出的水相互重叠，防止中间有浇不到的地方。

自走式浇水机是重要的辅助浇水设施。离床面的距离为：相临喷嘴的喷水扇面交叉 50％ 时的高度，为水车臂离床面的高度，45～50cm。喷嘴的喷水扇面应与水车臂成 20° 左右的夹角，而且喷水的扇面要相互平行，不交叉。水车臂应与床面平行，从而保证每个喷嘴的出水量一致。在每侧水车臂的两端各增加一个喷嘴，以平衡床面边际与中央水分蒸发量不一致的问题，同时，便于穴盘苗补水。常用的喷嘴有 3 种类型：蓝色、灰色、白色，在穴盘苗生长的不同时期使用不同出水量的喷嘴。使用前需测试水车不同速度挡下的行进速度及吸肥量，在水车上安装手工补水喷头；每周清洗 1 次水车上的过滤器及喷嘴，以防杂质堵塞；每次施肥、喷药结束后，清洗管道内的残留肥料和农药，以免造成喷头堵塞。

实训操作

工作一　种子发芽的测定

一、工作目的

掌握种子发芽测定方法。

二、工作准备

若干植物种子、设备、工具、场地发芽箱、发芽盒、温度计（0～100℃）、取样匙、直尺、量筒、烧杯、电炉、蒸煮锅、滴瓶、解剖刀、解剖针、甲醛、高锰酸钾、纸标签、滤纸、纱布、脱脂棉、镊子、蒸馏水等。

三、任务实施

学生分组讨论，确定操作程序及分工；在技术员或带教教师的指导下实施操作。

（1）测定样品的提取。用四分法从纯净种子中取出 100 粒种子，共 4 组，分别装入纱布袋中。

（2）消毒灭菌。对检验用具和种子进行消毒。

（3）置盒。将种子安放在垫有纱布或滤纸的发芽盒上。

（4）管理。经常检查测定样品及其水分、通气、温度、光照条件。

（5）观察记载。定期观察记载种子发芽情况。

（6）计算发芽率。按组计算发芽率，然后计算4组的算术平均值。

操作要点：

①四分法即将种子均匀摊开呈圆形或正方形，再平均分成4个部分，每个部分中数取出25粒种子。

②检验用具先洗净后，用沸水煮5～10min，进行消毒灭菌。种子的消毒可用甲醛或高锰酸钾。用甲醛时，将纱布袋连同种子样品放入小烧杯中，注入0.15%的甲醛溶液（以浸没种子为度），随即盖好烧杯。20min后取出绞干，放在有盖的玻璃器皿中闷30min，取出后连同纱布用清水冲洗数次。用高锰酸钾时，将种子浸在0.2%～0.5%的高锰酸钾溶液中2h，取出用清水冲洗数次。

③如种子不易发芽，可进行浸种。

④置盒时，可以用多层的纸，也可在纸下或纱布下加垫脱脂棉。每个发芽盒上整齐地安放2个重复的种子，种粒之间保持的距离相当于种粒本身的1～4倍。

⑤发芽率计算公式：

$$发芽率＝\frac{发芽的种子数}{供试的种子数}\times100\%$$

四、任务结果

组间的发芽率测定值差距不超过允许差距。

五、任务考核

（1）学生分组提交产品：检测结果。

（2）教师或各小组代表多方现场对产品质量、实训工作态度进行评价。

（3）完成实训报告。实训报告应包括目的、工作方案、实施步骤、技术要求与心得体会等方面内容，格式规范、字迹工整。

工作二　穴盘育苗生产资料准备

一、工作目的

掌握穴盘育苗生产要素，做好穴盘育苗生产工作。

二、工作准备

工厂化穴盘育苗基地。

三、任务实施

在技术员或带教教师的指导下参观工厂化穴盘育苗车间。学生分组讨论，收集相关资料。

四、任务结果

编写穴盘育苗准备工作计划文本。

五、任务考核

（1）学生分组提交产品：穴盘育苗准备工作计划文本。

（2）教师或各小组代表多方现场对产品质量、实训工作态度进行评价。

（3）完成实训报告。实训报告应包括目的、工作方案、实施步骤、技术要求与心得体会等方面内容，格式规范、字迹工整。

任务二　操作穴盘育苗播种机

教学目标：

合理选择穴盘及调配基质；熟悉穴盘育苗播种机的机械组成及工作流程，能在播种流水线上进行安全操作。

任务提出：

根据需求选择适当规格的穴盘；正确地调配播种基质；正确操作穴盘育苗播种机，完成从基质混拌、装盘、刮土、压穴、播种、覆盖、喷水等整个播种操作过程。

任务分析：

操作穴盘育苗播种机，首先要熟悉穴盘育苗播种机的种类、机械组成及工作流程；其次，根据不同园艺植物种子特性调配播种基质；最后，根据生产育苗要求正确选用穴盘，正确操作穴盘育苗播种机进行自动播种。

相关知识一　穴盘育苗播种机的种类

随着设施园艺的发展，作为工厂化育苗成套设备中的重要组成部分，精量播种装置在生产实践中日益受到人们的重视。它不但能够节约种子用量，而且提高了工作效率和所育秧苗的质量。

目前，穴盘育苗播种机按其设计样式可分为针式播种机、滚筒式播种机、盘式（平板式）播种机三大类，其中针式播种机、PLC 针式播种机、气动牵引针式播种机、滚筒式播种机等在国内应用较多。按自动化程度划分，可分为手动、半自动和全自动播种机。国内主要有振动气吸式穴盘播种机、SZ-200 型播种机、2XB-400 型穴盘育苗精量播种机等机型。国外知名的品牌主要有美国的 Blackmore、英国的 Hamilton、荷兰的 Visser、澳大利亚的 WilliamesST750、STI500 等。表 2-5 为精量播种机的主要类型、工作原理、特点及适用范围。

表 2-5　精量播种机的主要类型、工作原理、特点及适用范围

主要类型	工作原理	特　点	适用范围
针式精量播种机	负压吸种，正压吹种。工作时利用一排吸嘴从振动盘上吸附种子，当育苗盘到达播种机下面时，吸嘴将种子释放，种子经下落管和接收杯后落在育苗盘上进行播种	操作简便、适应面广、播种精度高，播种速度快，无级调速，可进行每穴单粒、双粒或多粒形式的播种	适于质量不同、形状各异的种子，从秋海棠等极小的种子到甜瓜等大种子均可进行播种

（续）

主要类型	工作原理	特　点	适用范围
滚筒式播种机	工作时利用带有多排吸孔的滚筒内形成真空吸附种子，转动到育苗盘上方时，滚筒内形成低压气流释放种子进行播种，接着滚筒内形成高压气流冲洗吸孔，滚筒内重新形成真空吸附种子，进入下一循环的播种	操作简便、适应面广、播种精度高，播种速度快，无级调速，可进行每穴单粒、双粒或多粒形式的播种	适于绝大部分花卉、蔬菜等种子
盘式播种机（平板式）	工作时带有吸孔的盘内形成真空吸附种子，将盘整体转动到穴盘上方，并在盘内形成正压气流释放种子进行播种；盘回到吸种位置重新形成真空吸附种子，进入下一循环的播种	适应范围较广，间歇式播种，不同规格的穴盘或种子需要配置附加播种盘、冲穴盘	适于绝大部分穴盘和种子，不适于特殊种子和过大、过小种子
点播机	真空吸附	每次吸附1粒种子，更换不同吸嘴可适于不同种子	适用于小型育苗生产者
手持振动式播种机	手柄处的振动器会产生振动，使种子槽内的种子流呈线性流至穴盘内	结构简单、使用方便	适用于小型育苗生产或播少量种子
手持管式播种机	真空吸附。播种时，让每个针头都吸附1粒种子，然后移动播种管到穴盘上方，手指离开圆孔，即可完成播种	结构简单、使用方便；播种管配有不同规格的针头，分别适合不同规格的穴盘	适于播种较少量种子时使用

无论哪种类型的播种机，其播种原理都是一样的，即真空吸附原理。播种机通常有一个真空马达或气压泵，利用真空把种子吸附到针管口、面板小孔或滚筒小孔上，把吸附有种子的针管口、面板小孔或滚筒小孔对准各个穴孔，关掉真空马达或气压泵，原来吸附住的种子便落到穴孔之中了。

机械化播种机是穴盘苗生产商必备的标准机器设备。目前市场上出售的播种机有多种型号，每一种播种机都有其独特的性能。选购播种机时要考虑以下几个方面的问题：

（1）根据自身需要选择合适的播种机。

①生产的规模和目前使用的穴盘型号；

②自身在穴盘苗生产方面的专有技术；

③欲播种子的类型和数量；

④播种机使用的频率。

（2）需向供应商了解机器的特性。

①播种机适宜播种的种子形状和大小；

②机器是用什么材料制作的，播种机的部件应该经久耐用、抗静电。另外还应了解播种机配置了哪些配件，你自己还应配备什么配件；

③机器如何操作；

④配有哪些型号的播种板或滚筒或针管，适宜播种哪些型号的穴盘。根据生产情况决定自己是否需要增加配置；

⑤播种机在更换播种板、滚筒或针管时，是否简便快捷；

⑥了解机器的运行速度，即播种效率；

⑦机器都需要哪些方面的维护；

⑧了解机器的维修网络和技术支持能力。

经验丰富、经营规模很大的种苗场一次可购买多台机器，分别满足小种子和较大种子的播种，提高播种效率的关键在于速度、精度和机器的灵活性。

相关知识二　穴盘育苗播种机的工作流程及操作维护

穴盘育苗播种机的主要设备有轻基质的破碎和筛选设备；轻基质搅拌混合设备；轻基质的提升设备；精密播种生产线设备，其中包括：轻基质充填、刷平、压穴、精密播种、复料、刷平；穴盘喷水设备；穴盘的运送设备；种子丸粒设备等。

1. 穴盘育苗播种机的工作流程

穴盘育苗播种机的工作流程包括基质混拌、装盘、压穴、播种、覆盖、喷水等一系列作业，完成以上工序后，将播完种子的穴盘送入催芽室（根据农艺要求也可以不用催芽，视具体情况而定），然后移入温室育苗。除了精密播种生产线以外，其他辅助设备可根据实际需要进行选择。

滚筒式播种机速度快，建议选配搅拌机、填土机、冲穴器、灌溉和覆土设备等组成自动化播种生产线。

气动牵引针式播种机工作时，将填好土的育苗盘推入播种机下，播种机立即开始播种，并在气动牵引机构的带动下，将播完种的育苗盘逐行推出，播种完毕，取下育苗盘，推入新的育苗盘进行下一循环的播种。采用气动牵引针式播种机无法与自动冲穴、自动灌溉、自动覆土等设备配套使用。

PLC控制针式播种机工作时，在PLC控制器的操纵下，从一端连续放入育苗盘，由传送带自动输送到播种机下播种，然后从另一端脱离播种机。PLC控制针式播种机通常与填土机、自动冲穴、自动灌溉、自动覆土等设备配套使用，一种育苗盘需要一种冲穴器和一种灌溉设备。

2. 播种机的操作和维护

一般的育苗生产企业设有穴盘清洗存放间、基质消毒存放间、播种车间、催芽室、炼苗温室等，该套播种设备放置在播种车间，由于底部装有滑轮，可根据基质堆放的位置进行移动。

（1）播种机操作。播种时，由操作人员将消毒后的基质装入填土机料舱，将穴盘放在填土机传送带入口处，将要播种的种子装入播种机振动料盘中并连接好供水水源，检查整套设备的连接情况，确认无误后可开动控制开关，进行播种作业。播种后的穴盘由操作人员搬至运苗车中并移至催芽室进行催芽。

使用前应根据所播种的种子和穴盘的规格对播种机进行相应调整，以满足不同的需要：

①设定播种行数，以适应所使用的穴盘规格，对于滚筒式播种机应确认滚筒与穴盘的规格；

②设定吸嘴位置，以适应所播种的种子大小；

③设定振动料盘振动器，通过调节振动器控制料盘振动幅度，保证吸嘴吸附种子的均匀度；

④设定气锤撞击，提高某些种子的播种单粒精度；

⑤设定真空度，可以增加吸嘴的吸力。

（2）设备维护。每运行50h，对主轴的轴承（通过铜偏心轮上的吸孔）和活塞顶部的铰接进行润滑。手动将吸嘴管压下，将活塞从气缸中提起并在活塞杆上涂上点润滑油。加完油后要将多余的油擦干净。

每运行50h，清洁1次播种管。将其从播种管座中取出，用一根随机提供的吸嘴清洗线将其中附着的灰尘和种子壳等杂物清洗干净。

在特别潮湿的地方（空气相对湿度大于80%），需要在播种机的输气主管路中，加装一台干燥器。

播种季节结束或长时间不用播种机时，将种子盘清洗干净，并保护好供气管路。将播种机移至干燥地方存放，并用一块塑料布或类似物品将播种机盖好，以防灰尘和泥土。

实训操作

工作一 育苗穴盘、育苗基质的准备

一、工作目的

能根据要求进行育苗穴盘、育苗基质的准备工作。

二、工作准备

穴盘若干、泥炭若干、珍珠岩若干、蛭石若干、口罩、喷壶等。

三、任务实施

学生分组讨论，确定操作程序及分工；在技术员或带教教师的指导下实施操作。

1. 穴盘的准备

首先，根据植物种类，明确穴盘规格和种类；其次，根据播种计算穴盘数量。因有空穴存在，需增加5%～10%的穴盘量。

在选择时，除了考虑所播种子的大小、形状和类型外，还需要考虑植物特征和种苗客户对种苗大小的要求。如洋葱育苗，因其在苗期就会形成小的鳞茎，选择时应考虑用较大一些的孔穴，如128穴盘。西瓜、葫芦等瓜类育苗时，因其种子大、子叶也较大，又因其生长期短，可考虑用大一些的孔穴，如72穴盘。而种子小和苗期较长的蔬菜、花卉种苗，如生菜、秋海棠等，通常选用孔穴较大的穴盘，如128、200穴盘；飞燕草、洋桔梗等根系扎得较深，益选择孔穴较深的穴盘；天竺葵、非洲菊、仙客来以及部分多年生植物开始阶段一般是用孔穴较小的穴盘，如288穴盘，然后再移植到128穴盘中培育。

穴盘的颜色会影响到根部的温度。白色盘不但保温性能很好，而且夏季反光性也很好；黑色盘吸光性能好，光能转变成热能对种苗根部的发育更有利，冬季和春季生产一般使用黑色盘。

对已使用过的穴盘必须进行挑选，剔除那些老化、破损的穴盘，然后把想要再次利用的穴盘彻底清洗干净并进行消毒，尤其是可能有矮壮素残留的穴盘，以免影响后面的植物种子发芽生长。比较简易的消毒方法是用触杀性杀菌剂如硫菌灵、多菌灵等药液浸泡消毒。切记，消过毒的盘在使用前必须彻底洗净晾干。

2. 穴盘基质的准备

确定基质的配比和基质的 pH、EC。基质要有良好的保水力和透气性，pH 5.5～6.8，EC 0.55～0.75mS/cm。一般播种基质由泥炭、蛭石、珍珠岩组成。夏季蛭石与珍珠岩的比例可以小一点，15％～20％；冬季应大一点，25％～30％。经过试种，表现良好的基质配方应该固定下来，不要随意更改，以保证生产的稳定性。

根据穴盘的数量和规格计算基质用量。拌好的基质放置不应超过 2d。要注意避免基质颗粒过细，以免影响根系通气；基质的湿度以 60％～65％为宜，过干或过湿均影响播种操作和种子发芽。

四、任务结果

（1）完成准备工作。
（2）完成穴盘基质准备工作。

五、考　　核

（1）学生分组提交产品：穴盘、基质。
（2）教师或各小组代表多方现场对产品质量、实训工作态度进行评价。
（3）完成实训报告。实训报告应包括目的、工作方案、实施步骤、技术要求与心得体会等方面内容，格式规范、字迹工整。

工作二　穴盘播种机的使用

一、工作目的

在技术员的带领下，能做好播种所需的生产物质准备，安全正确操作穴盘育苗播种机。

二、工作准备

1. 种子的准备

根据生产通知单领取种子，确定要播种的品种及数量，防止错播、漏播。根据不同品种发芽时间，确定播种时间，避免夏季正午、冬季清晨及夜间出苗。

2. 穴盘的准备

首先，根据植物种类，明确穴盘规格和种类；其次，根据播种计算穴盘数量。因有空穴存在，需增加 5％～10％的穴盘量。

3. 基质的准备

确定基质的配比和基质的 pH、EC。

4. 覆盖物质的准备

蛭石和珍珠岩是较好的覆盖物。覆盖物的颗粒大小很重要，一般直径应大于 4mm，而且大小要相对均匀。

三、任务实施

学生分组讨论，确定操作程序及分工；在技术员或带教教师的指导下实施操作穴盘播种机进行播种生产。

（1）检查播种线各装置的电源、部件是否正常，水路、气路是否通畅，然后开机检查运转情况，并检查紧急制动按钮是否工作。

（2）放置穴盘，试运行填土、打孔、覆盖、浇水装置。

通过调节刮土板的高低来调整填土质量。填充好的基质应饱满、紧实，但要有弹性，即一定的舒松度。过紧，会影响种子根系下扎；过松，浇水时基质会被冲出来。

根据穴盘规格选择相应的打孔滚筒，通过升高、降低滚筒来调整孔的深浅。一般孔深是种子直径的 2～3 倍，即 5～7mm。过浅，种子容易弹出孔穴；过深，种子萌芽破土困难。

孔应位于穴孔的中心，如果偏孔，可调节打孔滚筒内的控制位置螺丝。偏孔使种子覆盖不匀，生长空间不均，影响种苗的生长。

调节覆盖漏斗底部的插片，使漏斗下口宽度与穴盘对应，调节漏斗侧螺丝，使覆盖物流量适中。覆盖过少，盖不住种子就起不到遮光保湿的作用；覆盖过多，穴盘表面湿度大，根系不下扎，种苗易产生大量茎生根，影响脱盘时拔苗。覆盖的多少以穴盘浇水后能看到穴盘的格子为宜。

根据植物的类型掌握适当的浇水量，分为干、中湿、湿 3 种情况。过干则影响种子萌芽；过湿则导致早期徒长，有时因空气少会引起烂种。

（3）根据穴盘规格及种子的大小选择适宜的播种滚筒。注意两用滚筒两侧的标号，不要颠倒。放置滚筒时要轻巧、平稳，同时与相关部件紧密接触，防止刮伤表面，防止偏磨或漏气。

（4）放好种子斗，放进种子。运转播种滚筒，观察滚筒吸放种子的情况。调节相关气压旋钮，最好每孔一粒种子，无空穴，无双粒。如果种子有粘连情况，可事先用干粉（痱子粉）处理一下。滚筒如有静电，可用湿布擦拭表面。

（5）开动播种机，进行播种。多数作物的种子在播种后，都需要覆料，以满足种子发芽所需的环境条件，保证其正常萌发和出苗。覆料时应注意，既不能太少也不能太多，太少便失去了盖种的意义，太多种子便会被深埋，如遇上水分过多、通风不良等情况，时间一长种子便会腐烂。即使苗能侥幸钻出来，也很有可能是畸形苗，或由于前期耗费了太多的营养而影响后期的生长。

覆料后需要淋水。水滴的大小、水流的速度可以控制，淋水非常均匀，有利于种苗的生产。流量太大会冲刷基质，甚至冲走种子，太小则浇水过慢，效率太低。

（6）送发芽室。播好种子的穴盘逐一摆放到发芽车上，作好标识。一定要注明品种、数量及播种时间。将发芽车推进发芽室，操作要轻，不要强烈颠簸，否则会把种子颠出来。

（7）结束后清理。播种结束后，拆下打孔滚筒和播种滚筒，擦拭干净，放回原位。因播种滚筒价格昂贵，须妥善保管，防重压、防机械损伤。清扫播种线，保持清洁卫生，减少病菌污染。

（8）播种线负责人应详细记录播种任务完成情况，并上报部门主管。

四、任务结果

完成规定播种穴盘。

五、任务考核

（1）学生分组提交产品。

（2）教师或各小组代表多方现场对产品质量、实训工作态度进行评价。

（3）完成实训报告。实训报告应包括目的、工作方案、实施步骤、技术要求与心得体会等方面内容，格式规范、字迹工整。

任务三　播后管理

教学目标：

掌握穴盘育苗各阶段的环境调控技术；掌握苗期温光水肥土调控，培养健康的种苗。

任务提出：

能熟练地进行穴盘苗的日常管理；会对穴盘种苗生长进行环境管理干预。

任务分析：

精心管理是培育优质种苗的基本要求。了解穴盘播种育苗生产规程，做好穴盘苗各阶段的日常管理，特别是温光水肥调控，能对种苗质量进行鉴定、评价及分级，培养优质的种苗。

相关知识一　环境条件

环境条件是植物生长的基础。温度、光照、二氧化碳和湿度，每个因素都对植物的萌发、光合作用和开花过程有影响，这些因素很少单独起作用，它们通过相互作用与养分共同控制植物的生长和开花。

1. 温度

温度影响光合作用、呼吸作用、酶的活性以及对水和养分的吸收。茎和根在 $10\sim29℃$ 范围内随温度的升高生长速度加快。每种植物都有使生长速度达到最快的最佳温度，在开花期也是一样。当温度保持在线性范围内，叶子的增加速率与日平均温度成正比。昼夜温差可用来控制节间长度。温度高于或低于最佳温度，都能减少花的数量或抑制开花。有些花坛植物，仅控制温度就可以诱导开花，可以在穴盘苗期用低温诱导施以春化处理。

2. 光照

光照对植物的影响主要是光质、光周期、光照度和光量。光质取决于红光和远红光的比例对植物形态的影响。光照持续时间或光周期通过短日照或长日照控制植物的开花。光照度通过光合作用控制植物的生长和产量。叶片进行光合作用时，光的饱和点大约是 32 280lx。隐蔽会造成植物过度伸展。光量影响植物光合作用、生长、产量及中性植物的花期。光合作用的产物——糖类首先输送到花和种子，其次是茎段，最后是根。

在冬季光照有限时，正确补光会提高穴盘苗的质量和生长速度。植物在幼苗期对光都较敏感。真叶出现后，补光对植物通常较有益，特别是第一片或第二片真叶出现后的 2～6 周效果最好。无论在什么地方，对幼苗补光都会加速生长，提高植物质量，但过了 6 周后，补光对植物就失去价值。最普通的补充光源是金属卤灯和高压钠灯。

3. 二氧化碳

穴盘苗在二氧化碳浓度高于环境水平 $300\mu L/L$ 时长得更好。在第一片真叶出现后，补充 $600～12\,000\mu L/L$ 二氧化碳，温室内可利用二氧化碳发生器提高生长环境中的二氧化碳。

4. 湿度

空气湿度控制水分的蒸发和植物蒸腾作用的速率。高湿度下，植物对钙的吸收减少，幼苗的反应是节间过长、茎段较细、分枝少、产生的根也少；在低湿度下，蒸腾作用加快，促进植物对钙、镁的吸收，使茎枝变粗壮，抗逆性更强，根系发育更好。

5. 各阶段环境调控

从种子萌发幼苗生长到成为可移植的穴盘苗的整个穴盘苗生产过程可划分为 4 个不同的生长阶段：

第一阶段：从播种到种子胚根伸出。

第二阶段：从种子胚根伸出到子叶展开。至此，种子的发芽阶段就结束了。

第三阶段：从子叶展开到长出计划的真叶数。

第四阶段：从生长完成、炼苗到销售前的准备。

在第一阶段，从播种到种子初生根（胚根）突出种皮为止，即所谓的"发芽"期。发芽期最主要的特征是需要较高的温度和湿度，较高的温度也是相对于以后 3 个阶段来说的。种子发芽所需要的温度一般在 21～28℃，大部分在 24～25℃ 为最适温度，持续恒定的温度对种子来说可以促进种子对水分的吸收，解除休眠，激活生命活力。较高的湿度可以满足种子对水分的需要，软化种皮，增加透性，为种胚的发育提供必需的氧气，促进其生物化学反应的完成，由一种新的生命形式替代潜在的生命状态。

种子发芽以后，紧接着是下胚轴伸长，顶芽突破基质，上胚轴伸长，子叶展开，根系、茎干及子叶开始进入发育状态，这一阶段称为第二阶段。第二阶段的管理重点是下胚轴的矮化及促壮。这个阶段管理的关键是温度和水分，其种子发芽最适宜温度要求在 20～22℃，长时间超过 25℃ 或低于 18℃ 都会导致发芽率下降，或者发芽时间推迟。切忌过干过湿，若温、湿度过高，需掀开透气。

第三阶段主要是真叶的生长和发育。这一阶段的管理重点是水分和肥料。水分的管理重点在于维持生育期间的水分平衡，避免基质忽干忽湿，做到在适当的时候给予适量的水分。在人工浇水的条件下，要先观测基质的干湿程度和蒸发情况，确定浇水的时间和浇水量。在自动喷灌条件下，1d 浇水 3 次，每次给水量约达到基质持水量的 60% 为宜。浇水时间分别为 8 时、11 时及 14～15 时。16 时之后若幼苗无萎蔫现象，则不必浇水。降低夜间湿度，减缓茎节的伸长，矮化幼苗是管理追求的目标。进入第三阶段的幼苗要开始施肥。最初肥料的浓度为 2 500～3 000 倍（或 100～150mg/L）足够，当最初的两片真叶完全展开之后，肥料浓度增加到 2 000 倍。肥料氮、磷、钾的比例选择氮含量较低的配方（N：P：K＝15：10：30），以减少叶面积的快速生长，降低其蒸腾作用。

幼苗生长到 3～4 片真叶时，也就到了第四阶段。此阶段的幼苗准备进行移植或出售。移植前要适当控水控肥，以不发生萎蔫和不影响其正常发育即可。

相关知识二　催芽管理

对特定品种在种子质量有保证的前提下，它的发芽率主要取决于是否能得到最适的发芽条件以及能否控制土壤温度和湿度。采用催芽室人工控制种子发芽是目前控制种子发芽率和整齐度的最先进的方法。

催芽室能够很好控制温度、湿度和光照，但其建设投资高；而温室栽培床催芽便于观察萌芽情况，尤其是湿度。

选择什么样的催芽设施，在很大程度上取决于种植作物的种类和种植季节。催芽室能够比温室栽培床催芽快多达 7d 的时间（时间的长短取决于植物的品种）用于育苗生产或其他作业。

催芽室是一个环境可以控制的种子萌发室。催芽室内的温度由冷热系统控制，湿度主要靠弥雾加湿系统，光照可以配置也可以不配置。催芽室内的环境用恒温恒湿控制器或用计算机控制。

育苗穴盘码放在可移动的架子上，催芽室的高度应使穴盘架上都有足够的空间以便加湿气雾能顺畅流通，避免在穴盘上凝结。催芽室的顶棚设计成倾斜的，以避免凝结水直接滴落到穴盘上。顶棚上的水汽在形成水滴前应将其疏导排除。

催芽室的四壁用隔热材料建成，内表面敷以防潮层。防潮材料包括聚氯二甲烯薄膜、铝箔和玻璃纤维等。这种材料可避免隔热材料因潮湿而降低其隔热效果，防潮层还有助于保持室内的湿度。

建造催芽室前考虑以下几个问题：①需要多大容量的催芽室；②需要多少种不同的温度；③一年中需使用催芽室的时间有多长。

（1）催芽室的设计。要体现方便、经济、实用、保温和雾化效果好。催芽室可利用原有建筑，也可用轻钢结构新建。不管是利用原有建筑还是用轻钢结构新建，墙体和屋顶的保温非常重要，目前一般都采用保温彩钢板作墙体及房顶的材料，以达到保温、清洁的效果。

（2）催芽室设备配置。

喷雾系统包括：喷雾控制器、红外探头、水管控制装置、气管控制装置、雾喷头。

单相或三相气压泵：最小需 1.4kW 以上，可根据实际情况配置。气压应达到 $2.8kg/cm^2$。

水泵：发芽室水压应达到 $2.8kg/cm^2$。如水源压力不足，需配备水泵或加压泵。

空调系统：小型发芽室可用空调来控制温度，根据需要可选用窗式机、分体机或顶置机。较大的发芽室可用热水管道系统进行加热，用冷却器进行降温。

温度控制器：控制发芽室内的温度。

低压配电箱及低压电器：由变压器、低压照明设施、低压继电器等组成。

电器控制箱：控制电源、空调、水泵、气压泵、喷雾设备等。

移动式发芽架：移动式发芽架分为带荧光灯发芽架和不带荧光灯发芽架，可根据需要定制，不带荧光灯发芽架一般每个架在 15 层左右。

发电机：如当地电力不稳定，最好能配备发电机，以防停电造成损失。

其他辅材包括水管、阀门、过滤器、低压照明灯、电线、开关、插座等。需要特别注意的是喷头的雾化功能要好，使用时，发芽室应整个房间充满雾气，但又不能形成水滴，因为水滴滴在穴盘上会影响种子的发芽和幼苗的生长。

（3）催芽室管理。当播好种的发芽车推进催芽室以后，根据发芽的具体要求设置温度、光照条件。为了节省空间，对于不需要光照的品种，可将穴盘堆叠。注意穴盘要交叉摆放，以免压实基质。

①根据品种特性决定在催芽室内停留的时间。

定时检查发芽的情况，每天早、中、晚检查3次，一般当种子的胚根突破种皮后就可以出催芽室了。由于种子的质量是不同的，好的种子发芽很整齐。一般情况下，穴盘内的种子有60%～70%发芽就可以出催芽室，不要等到胚芽都顶出基质再移出发芽室，因为这样可能导致部分幼苗徒长。

对一些发芽和生长特别快的品种，如西瓜、百日草，尤其在天黑前应检查一次，如发现有部分苗开始顶出基质，就应马上将其从催芽室移入温室中，防止到第二天早上苗已徒长。

②必须保持整个催芽室基质温度的稳定。不同种类和品种的种子，发芽所需的最佳温度会不同。基质温度过高或过低会导致许多种子发芽不好，发芽室温度的调节可通过安装空调进行，必须保持整个催芽室基质温度的稳定。

③控制好湿度。基质水分过多，容易因氧气不足而导致种子腐烂死亡；水分不够会阻碍种子发芽的生理过程。种子发芽阶段，可用孔径为 $10\sim80\mu m$ 的喷雾系统喷雾，使种子获得发芽所需的足够水分和氧气。催芽室湿度控制通常采用安装自动控制喷雾系统加以解决。

④适宜的光照。大多数种子为中性种子，在光照或黑暗条件下均能发芽，但光照会使基质温度升高，可能会加快种子的萌发速度。需光种子是必须要有光才能萌发，如生菜、芹菜、秋海棠、非洲菊、洋桔梗、矮牵牛等；而嫌光种子则必须在黑暗的条件下才能萌发，如仙客来、长春花、葱、韭、报春花、金鱼草等。催芽室加光，可通过在发芽室墙面四周垂直等距离安装低压荧光灯，或在发芽架两侧垂直或内部水平随架安装两根低压日光灯。

定期对催芽室清洗保洁，有条件的可使用紫外线定期进行杀菌，以防止催芽室内发生病虫害。催芽室管理人员应详细记录每批种子的发芽情况，做好育苗档案。常见草本花卉和蔬菜穴盘种苗发芽参数如表2-6、表2-7所示。

表2-6　常用草本花卉穴盘种苗发芽参数

种类	英文名	是否覆盖	基质温度（℃）	湿度	光照	时间（d）
藿香蓟	ageratum	否	24～25	中等		2～3
翠菊	aster	是	20～21	干		4～5
四季海棠	begonia filbrous	否	24～25	湿	是	7～10
球根海棠	begonia tuberrous	否	22～24	湿	是	7～10
雏菊	bellis	否	20～22	中等		5～7
金盏菊	calendula	是	20～23	干	否	4～6
鸡冠花	celosia	否	24～25	中等		4～5
瓜叶菊	cimeraria	否	21～24	中等	是	5～7
彩叶草	coleus	否	22～24	中等		5～7
仙客来	cyclamen	是	18～20	湿	否	21～28

（续）

种类	英文名	是否覆盖	基质温度（℃）	湿度	光照	时间（d）
大丽菊	dahlia	是	20～21	干		3～4
石竹	dianthus	都可	21～24	中等		3～5
银叶菊	dusty Miller	否	22～24	中等		5～7
羽衣甘蓝	flowering cabbage	是	18～21	中等		3～4
勋章菊	gazania	是	20～21	干		5～7
天竺葵	geranium	是	21～24	中等		3～5
非洲菊	gerbera	都可	21～24	中等	是	7
大岩桐	gloxinia	否	23～25	湿		5～7
千日红	gomphrena	是	22～24	中等		5～7
洋凤仙	impatiens	否	22～25	湿	是	3～5
新几内亚凤仙	impatiens N. G.	是	25～26	湿	是	5～7
洋桔梗	lisianthus	否	22～24	中等	是	10～12
六倍利	lobelia	否	24～26	中等		4～6
万寿菊	marigold African	是	21～24	中等		3～4
孔雀草	marigold French	是	21～24	中等		2～5
三色堇	pansy	是	18～20	湿		5～7
五星花	pantas	否	21～24	中等		10～12
矮牵牛	petunia	否	24～25	中等	是	5～7
福禄考	phlox	是	18～20	干	否	5～7
半支莲	portulaca	否	25～26	中等		5～7
报春花	primula	中	18～20	中等	是	7～10
花毛茛	ranumculus	是	15～18	湿		7～14
一串红	salvia	是	24～26	中等		5～7
金鱼草	snapdragon	否	21～24	中等		4～8
夏堇	torenia	否	24～26	中等		4～6
美女樱	verbena	是	24～26	干		4～7
长春花	vinca	是	25～26	湿	否	4～6
角堇	viola	是	18～24	湿		5～7
百日草	zinnia	是	20～21	干		2～3
蒲包花	calceolaria	否	18～22	中等	是	7～10

表 2-7　常规蔬菜穴盘种苗发芽参数

种类	英文名	是否覆盖	基质温度（℃）	湿度	光照	时间（d）
西兰花	broccoli	是	18～21	中等		2

（续）

种类	英文名	是否覆盖	基质温度（℃）	湿度	光照	时间（d）
结球甘蓝	cabbage	是	18～21	中等		3
花叶菜	cauliflower	是	18～21	中等		3
芹菜	celery	是	21～24	湿润		5～10
黄瓜	cucumber	是	24～25	中等		2
茄子	eggplant	是	24～25	中等		5～6
生菜	lettuce	是	18～21	中等		3～4
香甜瓜	muskmelon	是	24～25	中等		2～3
洋葱	onion	是	21～24	中等		4～8
辣椒	pepper	是	24～25	中等		5～7
南瓜	squash	是	24～25	中等		2
番茄	tomato	是	24～25	中等		3～4
西瓜	watermelon	是	27～29	干		1～2

（4）温室栽培床上催芽。如果能控制并保持一定的环境条件，也可在温室中的进行穴盘苗催芽。土壤温度的调控可通过根区加热系统和周边空气加热得以实现。在温暖季节，采用降温系统可将土温降到种子发芽的适宜温度范围内。通过顶部喷雾系统或弥雾系统提供适宜的湿度。

不管选择什么样的催芽设施，精心管理是获得高发芽率最基本的要求。在催芽室催芽时，应注意观察胚芽现芽时刻并及时移出催芽室；在温室栽培床上催芽时，应密切关注并严格控制湿度和土壤温度，因为在温室中这两个影响种子萌发的主要因子是最容易产生波动的。

相关知识三　穴盘苗的日常管理

1. 水分管理

水分管理是成功生产穴盘苗的关键。穴盘苗从发芽室出来后进入温室，因为穴盘里的种子并未全部发芽，所以保持湿度很重要。我们一般在温室内安排一个过渡区，适度的遮阴，保持基质湿润，待有 85％以上的种子露出子叶后，就可以移出过渡区，在全光下进行生产管理了。大多数植物，子叶出土后就可以降低基质表面湿度，防止早期徒长，促进根系下扎。一般待第一真叶出现后，即第三阶段，水分管理就趋于正常。浇水掌握干湿交替，即一次浇透，待基质转干时再浇第二次透水。因穴盘苗的基质量很少，为了防止水分蒸发过多造成植物萎蔫，在两次浇水之间还需表面补水。第四阶段，即炼苗阶段，水分管理宜干不宜湿。炼苗的目的是要使种苗能适应不良环境以及耐运输。在这一阶段，需要控制浇水，有时会让种苗干到萎蔫状态再浇水。

尽量在清早浇水。这样植株表面经过一天的蒸发较干爽，不致带水过夜，从而减少病害的滋生，同时减少徒长。夏季因为叶面温度高，不能在中午时浇水，否则会造成叶片灼伤。夏季下午补水时，注意要把管道中的热水放尽。冬季用水要在室内放置一段时间，不致水温过低。

浇水的多少跟植物种类、蒸发量、基质的质量有关。一般茎秆柔嫩多汁、叶片大而薄的植物，阴生、半阴生植物，热带植物等需水量较大，须多浇水；茎秆木质化程度高、叶片小而厚的植物，旱生植物，寒带植物，沙漠植物等须水量较少，须少浇水。夏季蒸发量大，浇水的频率较高，所以夏季的基质保水力要强一些，如加大蛭石的用量；冬季蒸发量小，浇水的频率低，所以冬季的基质透气性要好一点，如加大珍珠岩的用量。

穴盘苗一般用水车浇水。首先应明确不同速度挡及不同喷嘴的出水量，其次应掌握具体的浇水量。例如，用几挡浇几遍，穴盘苗基质能浇透；几挡几遍，穴盘苗基质浇到 1/3 等。还要掌握浇水的时间。例如，什么情况下必须浇水，什么情况下可浇可不浇，阴天的时候如何浇水。要注意观察浇水是否均匀，及时用水车补水或手工补水。

2. 肥料使用

穴盘苗的生育时间较短，因为磷和铵态氮容易引起种苗徒长，所以一般用无磷低铵的肥料，如 14-0-14、13-2-13。有时也可用 14-0-14 与 20-10-20 及硝酸钙交替使用，或者硝酸铵与硝酸钙交替使用。对于不同种类的穴盘苗，应根据植物需要安排施肥计划。

铵态氮会导致植物长得柔嫩，枝干肥大而多汁，节间长，叶片大而浓绿。铵态氮通常不能促进根系的生长。当铵态氮和硝态氮的比例为 1：3 时，会促进植物的营养生长。铵态氮占全氮的比例不宜超过 50％，否则低温季节或 pH 低时容易发生铵中毒。硝态氮使植物长得比较紧凑，节间短，叶片厚，茎秆苗壮，根系生长旺盛，所以，一般全氮中硝态氮的比例高。硝态氮能促进植物的生殖生长，一般硝态氮肥的来源是硝酸钙、硝酸钾，硝酸钙不仅能促进根系的生长，还能使植物茎秆更结实。因此，可以根据植物在不同生长时期的生理需要，以及生产目的，利用肥料的不同特性来调控植物生长。

种苗不同生长阶段对肥料的需求：

第一阶段，有些基质中加有少量的营养启动肥料，如在发芽室中发芽，启动肥料可以支持到第 14 天，如在温室中发芽，从上面浇水，该启动肥料可能无法支持到第 14 天。有基质中并不含有启动肥料，在发芽完成后，可施用 20～25mg/L 的 20-10-20 肥料。

第二阶段，子叶已可以进行光合作用。可交替使用 50mg/L 的 20-10-20 肥料与 14-0-14 肥料。此时基质中水分较多，而且光线通常较弱，提防徒长是最重要的。要注意铵态氮量与基质中启动肥料的量。

第三阶段，植物快速生长，此时应提高肥料浓度，即交替使用 150mg/L 的 20-10-20 肥料与 14-0-14 肥料。对大部分种苗而言，应保持 pH 在 5.8，EC 在 1.0mS/cm。有些植物如鸡冠花、百日草、一串红、秋海棠、矮牵牛、天竺葵、非洲菊、花烟草等需肥较多，而三色堇、金鱼草、洋凤仙等需肥较少。喜欢较多的 20-10-20 肥料的植物有秋海棠、彩叶草、非洲菊、矮牵牛等。喜欢较多的 14-0-14 肥料的植物有仙客来、羽衣甘蓝、洋凤仙、金鱼草和大部分蔬菜等。

第四阶段，要降低湿度，减少养分，尤其是铵态氮，此时宜用硝态氮与钙肥使植株健壮、茎矮、叶厚，适于移植与运输。

出售当天施 1 次重肥，目的是让种苗移栽后迅速生长。两次施肥期间浇 1 次清水，洗去多余的盐分，过多的盐分容易引起烧根和土壤板结。

植物营养水平的高低可以用 EC 来评定，穴盘苗的 EC 一般在 0.5～1.3mS/cm，盆栽

的 EC 要高一点，一般在 $1.0\sim1.5\mathrm{mS/cm}$。

穴盘育苗中一般使用的是水溶性速效肥，每次施肥前应测量肥水的 EC，确保达到要求的浓度。另外，每周应检测 1 次土壤 EC，以判定是否需要施肥。

穴盘种苗生产上水溶性肥料的使用通常是把肥按要求的比例溶解于水配成一定浓度的母液，再用肥料配比机稀释成所需要的浓度，在浇水的过程中进行施肥。

施肥时的注意事项：

（1）随着种苗的生长，施肥浓度应逐渐增加，一般从 $50\sim150\mathrm{mg/L}$。施肥频率通常为每周 $1\sim2$ 次，炼苗期降低浓度，适当控制。

（2）要求 20-10-20 肥料与 14-0-14 肥料交替使用，在冷天低光时尽量不用或少用铵态氮的 20-10-20 肥料。

（3）水溶性肥料需要含有微量元素。

（4）在炼苗期应使用 $50\sim100\mathrm{mg/L}$ 的 14-0-14 肥料。

3. 温度调控

基质温度影响植物根系吸收水分。低温条件下水的黏度增加，扩散速率降低；细胞原生质黏性增大，水分不易通过原生质，呼吸作用减弱，影响主动吸水，根系生长缓慢，延缓植物生长。基质温度过高，加速根的老化过程，使根的木质化部位几乎达到根尖，吸收面积减小，吸收速率下降。

根据植物的适宜生长温度，通过关闭或开启温室的侧窗和顶窗以及空气循环系统和加温或降温系统，来控制穴盘苗的生长环境温度，促进生长。相对而言，在炎热的夏季降低温度要比冬季加温困难一些，通常采用外遮阳和内遮阳来遮挡过于强烈的太阳照射，以缓和由此引起的温度升高，同时配置湿帘和风扇系统，降温效果会好一些。

4. 光照管理

光是光合作用的能源，在一定范围内，光合作用随光照增加而增强，随光照的减弱而下降。在温室中，根据植物对光照的需求，通过开启或关闭温室的内外遮阳系统，以及增加补光灯等方法，提供最适合植物生长的光照条件。

5. 移苗

穴盘苗大都是以整盘销售的，而种子的发芽率不会是百分之百。另外，播种时常有漏播空穴或一穴双粒、多粒的现象，所以为了方便销售，节省温室空间，确保每株种苗的质量，一搬在子叶展平时进行移苗。移苗大都是手工操作，将空穴的基质挖去，把双株或多株的种苗分开，填满整盘。

有些种苗在生长过程中需要转一次盘，从小盘移到大盘，以满足生长需要。转盘要及时，以防出现老僵苗。

移苗时需要注意：前 1d 要把水浇好，移苗时最好适度遮阴，苗移好后及时浇透水，以提高移苗的成活率；操作要轻，因为此时根系还很纤细、很柔弱，损伤过大就会死苗；移过的苗要用手把基质压紧，否则新、旧基质之间会有断层，根系的发育不好，种苗脱盘时容易拔断根系；移苗之后要把穴盘表面的多余基质清理干净，否则多水时或封盘后容易产生茎生根，一来影响基质中的根量，二来茎生根相互纠缠影响种苗脱盘和移栽；注意穴盘的标签，不要混淆或遗失。

用手轻握住种苗叶片部分，把种苗从穴盘中拉出，这种取苗方式费工费时，而且种苗叶片部分容易受伤、容易拉断或损伤种苗的茎、种苗根部的培养介质容易脱落。

采用种苗分离机脱苗不会损伤种苗，保证了种苗的质量和根部的生长介质完整，同时大大提高了取苗的速度。通常情况下，只有那些生产量非常大而又不带穴盘销售种苗的大型种苗场，尤其是蔬菜种苗场或自用种苗量很大的种苗场，为保证种苗质量、提高工作效率而配备种苗分离机。

种苗分离机的特点如下：①种苗分离机有盖式和横杆式两种，横杆式种苗分离机较适合株形较高的种苗脱苗；②可用自动的气压装置来操作，也可用人工脚踏板来操作；③把穴盘从侧面推入横杆式种苗分离机后，把导架推起，此时导架触到微型开关，气压装置自动打开，把铝钉推出；④用来固定穴盘的装置和铝钉可更换，以适用于多种规格的穴盘；⑤铝钉推入的深度可调节；⑥铝钉并不完全固定，可作微调，使铝钉刚好对准穴盘底部的小孔；⑦底部装有轮子，可随意推动。

6. 穴盘种苗的病虫害及其防治方法

穴盘苗的许多病害是由于浇水过多、通风不良、温室湿度高、卫生差、杂草过多造成的。多数虫害是由于控制不好、使用的化学制剂不合适、没有防虫网、杂草控制不好造成的。

穴盘苗最大的病害问题是根冠腐烂，常伴随着猝倒病（腐霉菌、丝核菌、根串珠霉菌）共同发生；最大的虫害问题是草蚊和沼泽蝇。

（1）主要病害。病害主要分为真菌性病害、细菌性病害和病毒性病害。主要病害有：

①猝倒病。在种苗生产中，苗期猝倒病是比较常见的。它是由于真菌侵入种子或在基质表面感染幼苗引起的。即使植株生长良好，病害也可能侵入植株茎部，使茎部萎缩、变软而呈倒伏状，在发病区域可成片坏死。在潮湿的环境中，猝倒病很容易发生。通过对基质的消毒、提高基质排水性、合理浇水、增加空气流通等方法，可降低猝倒病的发生。间隔一定时间喷施一些保护性杀菌剂也是有效的预防途径。病害一旦发生，应及时清除受感染的植株，用敌磺钠或双霉威盐酸盐浇灌基质，喷施硫菌灵、百菌清、多菌灵、甲霜灵等药物，但应注意各种药剂用量、间隔次数和药剂之间的相容性。另外，必须在基质较干和种苗上无水分时浇灌和喷施。

②软腐病。细菌性病害首先侵染叶片，产生水渍状病斑，组织软腐，很快萎蔫倒落，组织变黑，软腐黏滑，伴有恶臭，整个植物很快萎蔫死亡。高温多湿、植物的机械伤、虫口伤多，均利于发病。防治方法为减少侵染来源，摘除病叶，拔除病株。感染穴盘要严格消毒方可使用；接触过病株的用具要用0.1%高锰酸钾或70%酒精消毒后再用。对病株应增施磷、钾肥，加强通风透光，浇水以滴灌为佳。发病初期，可喷施或浇灌400mg/kg农用链霉素或土霉素溶液，控制病害的蔓延。

③根腐病。主要表现为根系颜色变黑、变褐，部分老叶黄化，新叶生长不良。严重时植株完全停止生长，根系腐烂，最终导致整个植株死亡。在过湿和温度不合适时，容易引起根腐病。防治方法和猝倒病相似，但须确定药剂是否适合这种植物，另外也可用根腐灵和代森锰锌。

④叶斑病。在低温潮湿、高温潮湿、光照不足的条件下，植株较易得叶斑病。如果病斑呈水渍状或黄色晕纹，通常是由细菌感染引起的。真菌性叶斑病主要表现为棕色、黑色、灰色病斑，菌丝体和孢子较明显，一般底部叶片先感染，并迅速蔓延至整个植株，可用百菌

清、代森锰锌、甲基硫菌灵、多菌灵、异菌脲等杀灭。

⑤疫病。表现症状为种苗叶尖成水渍状枯萎，很快蔓延至整张叶片，严重时导致植株死亡。提供种苗生长的最佳环境是减少疫病发生的有效方法。在疫病发生时，施用松脂酸铜、氢氧化铜、疫霜灵等药剂可控制疫病的蔓延。

⑥病毒病。在种苗生产中，有时会出现病毒病，其主要症状表现为叶子上出现深浅不一的不规则色斑，叶片畸形扭曲，严重时会使植物生长停止。病毒病主要有番茄斑萎病毒、凤仙坏疽病毒和烟草花叶病毒。对于病毒病目前尚无好的治疗方法，一旦出现病毒病，应及时销毁种苗。

（2）害虫。

①地下害虫。地下害虫有蝼蛄、蚯蚓、蟋蟀等。最好的方法是采用高架苗床，如无高架苗床，可采用铺设地布、薄膜等措施来分隔。可在育苗盘上撒呋喃丹（蔬菜上禁用）、克线磷等农药来防治地下害虫。

②鼠类。某些种子，如一串红等，对鼠类有一定诱惑力，可能会招来鼠类啃食种子及植物幼芽，因此在温室中应设置一些防鼠装置。

③地上害虫。常见的地上害虫有蚜虫、菜蛾、蓟马、潜叶蝇、螨虫、白粉虱等，其主要特点是寄生于种苗上，靠吸食植物的汁液和茎叶生存。这类害虫不仅会影响种苗的生长，更会导致种苗病害交叉感染和传播。可通过温室加装防虫网、诱虫灯和粘虫纸、进出温室及时关门等措施预防。在防治过程中，可采用一些有针对性的杀虫剂，但应注意交替使用不同化学成分的杀虫剂，以免害虫对药物产生抗性。

（3）防治方法。在种苗生产中，应贯彻"预防为主、防治结合"的原则。预防感染应做到：生产用水要保持清洁卫生，慎防污染；存放种子的设备或器皿一定要清洁卫生、干燥，防止种子感染杂菌或霉变；使用的泥炭必须要经过灭菌处理，以减少土传病虫害的发生；生产用的穴盘、花盆必须经过消毒灭菌，对于回收再次利用的穴盘、花盆，清洗、消毒更是必不可少；手工播种时，填好基质的穴盘或播好种子的穴盘，最好放在操作平台上保持清洁；温室内要保持清洁卫生，无杂草、无垃圾、无严重的病虫害；外来植物进入温室前一定要经过杀虫杀菌处理，并放在隔离区内进行观察，待无病虫害发生时才可进入温室。

根据植物特性以及病虫害发生的特点，针对温室生产，植保人员要制订详细的植保计划。每天都要检查植物的生长情况，密切关注病虫害的发生情况，做到及时治疗。对于病情严重的植株要及时处理，进行掩埋或焚烧，穴盘、花盆要立即消毒。

（4）农药使用注意事项。第一次使用杀菌剂或杀虫剂时，要按标签上的说明使用，先对少数穴盘苗进行试验，然后再大范围使用，如果有毒副作用一般在使用后 2～3d 出现。当水的 pH 为 5.5～6.5 的时候，杀虫剂的药效最好，如有必要，在喷洒容器中加酸（常用硫酸）来降低 pH。使用杀虫剂时，要采用正确的方法，大容量喷洒时，要喷在整棵植株上；浇灌时，要把土壤浇透才会有效；低容量喷洒时，要使用风扇，以便使喷洒的效果均一。雾化剂要用在正确的地点，并且把温室关闭，以达到最佳效果。使用杀菌剂或杀虫剂时，叶子最好是干的，要避免在高温时使用，不要喷在受水分胁迫的作物上。应尽量减少乳液、油类、肥皂制剂的使用，千万不要把两种乳液混合在一起使用，尤其在天气较热或可溶性盐水平较高的时候；同样也不要将两种液态真菌剂，或液态真菌剂与液态杀虫剂，或液态杀虫剂与任何一种肥料混合使用。

7. 温室的卫生管理

温室工作人员每天必须清扫地面及床面上的枯枝落叶、生产垃圾，并倒在指定的垃圾桶中，不得随地乱扔乱倒垃圾。定期清除地布上的青苔，清除温室内外的杂草，防止滋生病虫害。在一个生长季节结束以后，应对空闲温室进行彻底的消毒灭菌、锄草除虫。保持温室的整洁，工作人员在下班之前必须把工具或物品归还原位，不得在温室里吃水果或就餐，禁止吸烟，以防引来鼠害。

相关知识四　种苗出圃

穴盘苗的质量是由地上部和根部的比率、叶的颜色及其他特征决定的。

优质穴盘苗应具有以下特征：

①高度适中，节间短，分枝多；

②叶片纯绿，无黄叶或黄斑；

③充分伸展的叶片及与穴盘苗的规格一致的叶片数目；

④没有明显的花芽和花；

⑤健康、发达的根系，根上有明显的根毛，潮湿时苗容易拉出；

⑥没有病虫害；

⑦移栽后能及时开花；

⑧穴盘苗长得比较整齐；

⑨经过炼苗期，苗坚挺。

学会辨别各种作物良好的地上部分和根系的特征尤为重要。穴盘苗地上部的生长，主要根据苗的高度、叶片颜色、叶的大小和伸展度、真叶的数量、花芽和花等特征，而根的生长，则主要看根的可拉性、根的数量和位置、根毛和根的粗细度等。一定量的光照、水分和肥料在促进地上部分的生长的同时可能正好抑制根系的生长。最佳温度或正的昼夜温差，提高含水量，增加铵和磷肥的用量以及降低光照都可以促进地上部的生长；负的昼夜温差，增加光照，增加硝态氮和钙肥的用量降低含水量，会促进根的生长。

种植者都希望种子萌发后，穴盘苗达到一定的大小就可移栽，但由于计划不周、气候差、销售不佳等原因，生产出的穴盘苗不能在合适的阶段进行移栽。为减少损失，我们可利用温室或冷库保存穴盘苗。

穴盘苗在温室内的保存期不应超过两周。若温度在 $10\sim15℃$，并且在保存期可以保持这个温度，则穴盘苗可以在温室内保存。夏季和初秋通常无法提供这样的条件。为了使植物的生长放慢，尽可能在不升高温度情况下，保证较强的光照，即光照度大于26 900lx；只在必要时为穴盘苗浇水、浇透，要保证夜晚叶是干的；只在必要时施肥，施用含氮100～150mg/kg的硝酸钙和硝酸钾肥，基质 EC 小于 $0.75mS/cm$（1：2 稀释），pH 为 $6.0\sim6.5$。在此阶段使用化学生长调节剂要非常小心。必要时使用推荐的杀菌剂处理，防止根腐病（如葡萄孢菌）、叶斑病或霉菌。移栽时，作物的生长期可能会比正常的生长期推迟约 5d，关键要保证植物发达的根系和根毛，同时还要控制植物的生长。

若利用冷藏室保存穴盘苗，最长可保持 6 周、穴盘苗要健康、健壮，进入冷藏室前，根部有一定的含水量，叶片是干的，这点非常重要。低温（7.5℃）下、光照度 54 lx 的冷白荧光等。穴盘苗只需 10～12d 浇水 1 次,冷藏时不必施肥,使用推荐的杀菌剂处理穴盘苗来控制葡萄孢菌。移栽前,应使穴盘苗逐渐适应新环境。

种苗的温室生长环境与露天自然环境相差很大,为了增强种苗的抗逆性,提高移栽的成活率,出温室时应采取降低温度(7～10℃)、减少施肥、减少浇水(不致萎蔫)、增强通风、增强光照等措施进行炼苗。炼苗期一般在 5d 左右,在包装销售的前 1d,对要发货的苗施以充足的水肥,目的是缩短种苗移栽后的缓苗时间,使其迅速生根,继续生长。

移栽前,用点穴器在湿润并充满基质的容器内点出大小一致的穴,用抽苗器把苗从穴盘内取出。为了使穴盘苗的根长得最好,应保证移栽后的基质的 pH、可溶性盐和透气性都处于正常的水平。移栽后的前 3d 土壤温度应保持在 18～21℃,以促进根的生长,然后把温度降到 15～18℃,使幼苗继续生长。施肥或使用杀菌剂应等根从根球长出以后,为了使根的生长达到最佳状态,每次浇水浇透,然后等基质干了再浇。一旦穴盘苗的根长到容器的边缘(通常是 1 周后),若有必要可以使用合适的生长调节剂。

种苗的包装很重要。为减少运输过程中的损伤,根据种苗的规格,要使用特殊的包装箱。穴盘苗一般是带盘运输的。运输的穴盘苗要健康、健壮。天热时,苗在运输前要进行预冷处理,运输车冷藏室的温度要持续控制在 7.5℃。运输穴盘苗时,根有一定的含水量,但叶片是干的,使用推荐的杀菌剂处理穴盘苗来控制葡萄孢菌,在运输前 5d 内,尽量不使用任何化学生长调节剂。

种苗出货时应该仔细填写发货单,包括收货人姓名、地址、联系方式、种苗的名称、数量、金额、承运方式等内容,尽可能减少中间环节,缩短运输时间。应提前通知收货单位,以便及时收货。

工厂化穴盘育苗生产流程,见图 2-2。

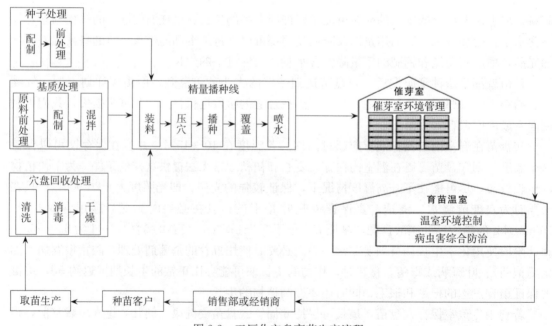

图 2-2 工厂化穴盘育苗生产流程

实训操作

工作一 穴盘苗日常管理

一、工作目的

掌握穴盘苗日常管理技术，培育健壮穴盘种苗。

二、工作准备

工厂化穴盘育苗基地。

三、任务实施

学生分组讨论，确定操作程序及分工；在技术员或带教教师的指导下实施操作。

1. 水分管理

根据穴盘苗生长阶段、生长状况及基质情况进行合理浇水。

2. 养分管理

根据穴盘苗生长阶段、生长状况进行合理施肥。育苗期肥水管理见表2-8。

3. 温度调控

根据植物的适宜生长温度，通过关闭或开启温室的侧窗和顶窗以及空气循环系统和加温或降温系统，来控制穴盘苗的生长环境温度，促进生长。

表 2-8 育苗期肥水管理（一般性标准）

指标	萌芽期	成苗期	指标	萌芽期	成苗期
pH	5.8～6.5	6.2～6.5	Ca（mg/L）	50～75	80～120
EC（mS/cm）	0.50～0.75	0.75～1.50	Mg（mg/L）	25～35	40～60
N（mg/L）	40～75	60～100	SO_4^{2-}（mg/L）	75～200	75～200
P（mg/L）	10～15	10～15	Cl（mg/L）	10～20	10～20
K（mg/L）	35～50	50～80			

4. 光照管理

根据植物对光照的需求，通过开启或关闭温室的内外遮阳系统，以及增加补光灯等方法，提供最适合植物生长的光照条件。

5. 株型管理

整齐矮壮的穴盘苗是生产者的追求目标，通过移苗将生长一致的苗移植于同一穴盘中。移苗，用手轻握住种苗叶片部分，把种苗从穴盘中拉出，避免种苗叶片部分受伤、拉断或损伤种苗的茎或根部。

6. 病虫害防治

正确识别穴盘苗的病虫害问题，采取相应措施防治。

7. 卫生管理

做好温室的卫生工作，清扫地面及床面上的枯枝落叶、生产垃圾等；定期清除地布上的青苔，清除温室内外的杂草，防止滋生病虫害。

四、任务结果

培育健壮穴盘种苗。

五、任务考核

（1）学生分组提交产品：穴盘苗。

（2）教师或各小组代表多方现场对产品质量、实训工作态度进行评价。

（3）完成实训报告。实训报告应包括目的、工作方案、实施步骤、技术要求与心得体会等方面内容，格式规范、字迹工整。

工作二　穴盘苗出圃

一、工作目的

掌握穴盘苗出圃技术，做好穴盘种苗包装出货工作。

二、工作准备

工厂化穴盘育苗基地。

三、任务实施

学生分组讨论，确定操作程序及分工；在技术员或带教教师的指导下实施操作。

1. 出圃规格

种苗符合优质穴盘苗的标准；叶色浓绿、长势良好、根系发达、无机械损伤、无病虫害。

2. 种苗的包装

根据穴盘苗种类选择合理的包装，采用与穴盘配套的特制种苗纸箱，配有垫板。多层包装的注意每层间隔高度，以免压坏穴盘苗。

3. 种苗的运输

种苗包装箱外明显处贴上标签，注明品种名称、苗龄、规格、数量等信息。

4. 种苗出货前处理

夏季气温过高，须将包装好的种苗放置在环境16℃预处理4h再发苗，运输车冷藏室的温度要持续控制在7.5℃；冬季运输过程中必须注意保温，以免产生冻害。

项目三

容 器 育 苗

容器育苗是利用特定容器装入培养基质，培育作物或果树、花卉、林木幼苗的育苗方式。其所得的苗为容器苗，育苗容器又称为营养钵。与传统的地栽方式相比，容器育苗主要有以下优点：

①移栽成活率高。根系都在容器中，进行起苗、运输、假植等作业时对根系的影响小。

②管理方便可控。可根据苗木的生长状况，适时调节苗木间的距离，调控水肥管理。

③便于运输。连容器一起搬运，节省田间栽培的起苗包装的时间和费用。

④随时均可移栽。不受植树季节的严格限制，延长绿化植树的时间，便于劳动力的调配且不影响苗木的品质和生长，保持原来的树形，提高绿化景观效果。

中国早在 14 世纪的《农桑衣食撮要》中，已有关于茄子、黄瓜等蔬菜应用此法育苗的记载。营养钵育苗是我国早期设施育苗的主要方式，目前还有相当大面积的作物采用营养钵育苗方式。20 世纪 60 年代以来，美国、澳大利亚、新西兰以及欧洲许多经济发达国家和地区都陆续开始采用容器方式生产苗木，逐步实现了容器育苗的机械化和自动化。

随着我国经济的迅猛发展，对种苗的要求越来越高，容器育苗迅速发展起来，尤其在经济较发达地区，容器育苗正在成为主要的栽培方式，是我国苗圃业未来的发展方向。容器育苗既可以用于种子（有性）繁殖，也可用于无性繁殖，无性繁殖中多为扦插繁殖。

任务一 上 盆

教学目标：

了解育苗容器的种类及其特性；了解容器育苗介质要求；掌握容器育苗的上盆技术。

任务提出：

根据要求，完成种苗上盆。

任务分析：

首先，需要根据生产需要选择合适的容器；其次，能根据需要配制培养土，消毒培养土；最后，将幼苗正确上盆。

相关知识一 育苗容器种类

育苗容器种类很多，形状、大小、制作材料也多种多样，育苗容器大小取决于育苗地区、树种、育苗期限、苗木规格、运输条件以及立地条件等，在保证成效的前提下，尽量采用小规格容器。

根据材质分为塑料薄膜容器、泥质容器、蜂窝状容器、硬塑料容器及其他容器等。

塑料薄膜容器是用厚度为 0.02～0.06mm 的无毒塑料薄膜加工制作而成，分有底（袋）和无底（筒）两种。容器的口径 8～13cm，钵的高度 8～13cm，底部的直径较口径小 1～2cm，钵底中央有一小圆孔，孔径约 1cm，以便排水。要根据作物的种类和用途以及育苗时期来选择容器。如茄果类和瓜类的育苗，若苗龄在 20～30d 的，可选用钵径 8cm 的营养钵；若苗龄在 30～40d 的，可选用钵径 10cm 的营养钵；若苗龄在 50～60d 的，可选用钵径 13cm 的。林木苗钵的直径一般为 5～10cm，高 8～20cm。营养钵的颜色也影响着植物根部的温度。一般冬春季选择黑色穴盘，因为可以吸收更多的太阳能，使根部温度增加；而夏季或初秋，可改为银灰色的营养钵，以反射较多的光线，避免根部温度过高；很少选择白色营养钵，其透光率较高，影响根系生长。

泥质容器是用有一定黏持性的土壤为主要原料，加适量磷肥和沙土压制而成。主要用于不耐移栽或直根性强的植物育苗，移栽时可连容器一起栽入土中。

蜂窝状容器用纸或塑料薄膜为原料制成，将单个容器交错排列，侧面有水溶性胶黏剂黏合而成，可折叠，用时展开成蜂窝状，无底。以育苗过程中，容器间的胶黏剂溶解，可使之分开。

容器苗栽培应用最广的是硬质塑料容器。早期的塑料容器是没有凹凸纹的，容易造成根系缠绕，现在生产的硬质容器盆壁都有防止缠根和灼根的凹凸条纹。硬塑料盆（杯）是用硬质塑料制成六角形、方形或圆锥形，底部有排水孔的容器，因其材料的抗老化性，一般都能使用 5 年以上。目前在我国山东省已有小规模的应用。国内也有人发明了控根容器，盆壁有很多小孔，可以防止根系在盆壁缠绕，主要用于大型木本植物的容器育苗栽培。

其他容器包括用竹篓、竹筒、泥炭以及木片、牛皮纸、树皮、无纺布等制作的容器，对较大型的容器苗来说，木框、铁丝网、钢板网、可开拉式塑网袋等也都是很好的容器。

相关知识二　容器育苗对基质的要求

由于苗的根系生长局限于容器范围内，养分供应的来源也局限于容器内的培养土等基质，基质是容器苗的关键要素之一。

现代化生产所说的容器苗，容器中装的用于培育种苗的一定要是人工根据植物生长需要配制基质，即培养土。只有这样，才能够使植物在一个有限的环境中获得它理想的根系生长环境和充足的营养。

用于容器育苗的基质要求含有丰富有机质、肥料较全面、保水性、通气性好、质量轻、不易板结、无病虫害、杂草种子、pH 适合植物的要求。国外容器育苗的培养基主要是泥炭和蛭石的混合物。一般按 1∶1 或 3∶2 的体积比例配制，也有用 50％的表土、25％～50％泥炭及 0～25％蛭石的混合物。我国在大规格容器育苗时，也常用腐殖质含量高、保水能力强的土壤（如森林表土等），再加入泥炭、塘泥、适量的腐熟有机肥和化肥等作为营养土。总的要求是在反复灌水的情况下，不至于板结。同时，在灌水后半小时内即能充分排出过多水分的透水性良好的土壤。

育苗中常用的配方有：

（1）泥炭和蛭石的混合物。常用泥炭和蛭石混合比例为 1∶1、3∶2 或 7∶3 等，二者的配合比例因具体条件如容器、温室和树种不同而异。一般来说，蛭石越多，育苗基质的通气性和排水性能力也越强；但是蛭石加得太多，则显得过分松散，不利于保持根团的完整性。使用泥炭和蛭石介质时，通常加入少量石灰石或矿质肥料。

（2）泥炭和树皮粉的混合物。泥炭和腐熟的树皮粉混合，并加入少量氮肥。因腐熟树皮酸性较强，常加入石灰将 pH 调到 6.0～7.0。泥炭和松树皮 2∶1 是某些树种播种基质的配方。

（3）泥炭和珍珠岩的混合物。通常情况下，泥炭和珍珠岩按 1∶1 或 7∶3 的比例混合使用。泥炭和珍珠岩的比例还要考虑树种的自身差异，泥炭和珍珠岩 4∶1 的基质配方对厚皮香、雪松、桂花、弗吉尼亚栎等树种播种育苗是较为理想的选择，而泥炭和珍珠岩 1∶4 的基质配方则对红叶石楠、厚皮香等扦插育苗更为理想。

总之，播种基质宜用以泥炭为主的混合基质，泥炭以产自加拿大的进口为最好，如采用东北泥炭则添加蛭石、珍珠岩或较细的松树皮混合亦可。扦插基质要求透水通气性好，一般不用混合，单用就很好，可选择腐熟的松树皮、珍珠岩、浮石、粗沙和泥炭等，以树皮和浮石两种较好，颗粒或片径在 3～6mm 的为宜。

国外有专门生产容器栽培基质的厂家，厂家会按照苗圃的需要配备合适的基质并运送到苗圃。国内也有专门生产各种基质的厂家，但一般情况下，为降低成本，往往是种植者在厂家购买单一成分的基质后按照生产需要自行配制。

配好的基质使用前要进行消毒。灭菌用消毒剂有甲醛、硫酸亚铁、代森锌等，杀虫剂有辛硫磷等。近年来从德国引进了一种消毒新药——棉隆颗粒剂，是一种广谱性基质消毒剂，使用量一般为 $60g/m^3$，消毒剂与基质搅拌均匀，并用塑料薄膜覆盖，经 10d 后揭膜，待药液挥发后使用。此外，还可以采用热处理消毒基质。用高温蒸汽加热土壤 30min，冷却后即可使用，方便快捷。

配制基质时还必须将酸度调整到育苗树种的适宜范围内。一般针叶树种以 pH5.5～7.0，阔叶树种以 pH6.0～8.0 为宜。装袋之前的基质，如果 pH 偏低，可加入石灰，或施基肥时加入碱性化肥，如 $Ca(NO_3)_2$、$NaNO_3$ 等。如 pH 偏高，可加酸性肥料，如 $(NH_4)_2SO_4$、NH_4Cl 等。生长期间对培养基质酸碱度的调节可通过测定容器底部渗透出液（即容器基质的水）调整。育苗容器需浇有足够的水，使得能有水渗透出容器；每次收集的渗出液应为最初渗出的液体，每次收集 5mL，以供测定使用。可采用施酸或碱性肥料的办法进行调节。

有些植物时，如松类苗木，容器育苗基质中应接种菌根，即在基质消毒后用菌根土或菌种接种。菌根土应取自同种松林内根系周围表土，或从同一树种前茬苗床上取土。用菌根接种时应在种子发芽后 1 个月左右，可结合芽苗移栽时进行。

相关知识三　上　盆

将幼苗（播种苗或扦插苗等）移入容器中栽培，或将露地栽培的种苗移到容器中栽培，称为上盆。上盆时，首先根据幼苗的大小或植株的根系的多少选择相应规格的容器。掌握"小苗用小盆，大苗用大盆"的原则。盆太小，土、肥水供应不足，使根系发展受到限制；盆太大，会给管理带来不便，使浇水量不容易掌握，不是缺水就是积水，不利于植株生长。其次要注意，若是旧容器，必须冲洗干净消毒后才能使用，这样有利于透气、渗水，减少病源传播。

基质在装填前保持 10%～15% 的含水量,装填基质必须装实,基质装至离容器上缘 0.5～1cm 处。刚上完盆的种苗应放在阴处或荫棚下,枝叶上适当喷洒水雾,保持盆土湿润,以利缓苗。幼苗或植株枝叶挺立舒展,恢复生长后,即可进行常规管理。如果不是采取一次上盆定植,待容器苗上盆后长到容器不再能够满足根系生长的要求的时候,就需要换更大的盆了。

在我国,苗木上盆工作主要是靠人工操作,费工费时。国外苗木的装盆工作早已是机械化作业。拖拉机通过装土铲把介质装入装盆设备的进料箱中,装盆机内的搅拌装置不断搅动,使基质从出料口排出,工人只需准备好苗木和容器,放到出料口的下边装盆,由专人装车和运输,并运到圃地摆放,这样可以大大加快装盆、运输及摆放速度。

实训操作

工作一　基质的混合配比

一、工作目的

掌握容器育苗用土的基质混合配比。

二、工作准备

1. 设备、工具

铁锹、扫把、笆子、筛子等。

2. 备料

黄泥、沙、腐殖质土、泥炭等。

3. 确定所栽培的植物用土

三、任务实施

学生分组讨论,制订方案。在技术员或带教教师的指导下操作。

(1) 在混合之前应先察看黄泥的质地,确定配比的比例。比例的多少要视黄泥本身的质地、肥力而定。若黄泥质地较好,可减少腐殖土或沙的配比。反之,则多增加腐殖土或沙的比重。

(2) 在平整的地面上进行。将黄泥、沙、腐殖质土、泥炭按比例拌和成 50kg 的基质。

(3) 将混合完成的基质贮藏备用,贮藏要防雨水,防混杂。

操作要点:

①所配基质应有针对性,即适用于哪类植物和具体的品种。

②要了解黄泥、沙、腐殖质的 pH 情况。

③确定是否要放消毒防病药剂,如百菌清、土虫灭等。

④确定是否要在基质中拌入少量基肥,如豆饼或颗粒缓性肥料。

⑤混合均匀,配比合理。

四、任务结果

完成配制指定植物所需的栽培基质 50kg。

五、任务考核

（1）学生分组提交产品：混合均匀，配比合理的基质。

（2）教师或各小组代表多方现场对产品质量、实训工作态度进行评价。

（3）完成实训报告。实训报告应包括目的、工作方案、实施步骤、技术要求与操作规程、心得体会等方面内容，格式规范、字迹工整。

工作二　上　　盆

一、工作目的

掌握容器育苗上盆技术。

二、工作准备

1. 设备、工具

塑料花盆口径 12cm、铲子、水壶、园林枝剪、扫把等。

2. 备料

基质中性肥沃培养土 5kg。

3. 栽培植物

所栽培的植物，如一串红鸡冠花等。

三、任务实施

学生分组讨论，制订方案。在技术员或带教教师的指导下操作。

（1）在塑料花盆底部加少许基质，轻压。

（2）将已起拔带土的花苗放入盆中，基质从四周加入，轻压，扶正秧苗。

（3）平整表土，并留有 2～3cm 浇水余地。

（4）及时浇透水或施氮液水肥。

操作要点：

①选择阴天上盆，若晴天则需有遮阴措施。

②现起苗即时上盆，保证秧苗不萎蔫，生长不受影响。

③种好后摆放平稳，排列整齐。

四、任务结果

完成指定植物上盆任务，秧苗种植的深浅适当，不偏不斜；植株恢复生长快，缓苗期短。

五、任务考核

（1）学生分组提交产品：容器苗。

（2）教师或各小组代表多方现场对产品质量、实训工作态度进行评价。

（3）完成实训报告。实训报告应包括目的、工作方案、实施步骤、技术要求与操作规程、心得体会等方面内容，格式规范、字迹工整。

任务二　容器苗的摆放

教学目标：

了解容器育苗所需的基本设施，掌握容器苗摆放原则、要求，能进行容器苗转盆、倒盆。

任务提出：

根据要求，合理摆放容器苗，能进行转盆、倒盆等操作。

任务分析：

熟悉容器育苗设施环境，能根据生产要求，合理安排摆放容器苗，以利于容器苗良好生长。

相关知识一　容器育苗的基本设施

1. 保护设施

保护设施可大大降低不利气候条件对苗木繁殖的影响，做到全年育苗。容器育苗一般都要配备保护设施。

温室可以有效地控制温度、光照、湿度、二氧化碳浓度等环境因素，创造适合植物生长发育的条件，生产出优质的种苗。现代化的连栋温室有利于机械化自动化作业。从成本角度看，也可利用日光温室。有关温室内设施设备及环境调控可参看"穴盘育苗"项目中有关内容。

钢质框架式连栋大棚与温室相比，其结构简单、建造容易、投资较少、土地利用率高、操作方便，更易被一般的苗圃所接受。大棚每栋采用 4~10 连体形式，长 40~80m，每栋 6~9.6m 等多种跨式。大棚两侧立柱高度为 2.2~3.5m，棚顶高度 4~5m 为宜。可采用 PEP 利得膜，也可采用 PVC 无滴薄膜或 PE 长寿无滴薄膜，厚度 0.12~0.15mm。四周设有卷帘式通风侧窗，夏季遮阴降温为外遮阴方式，遮光网的拉伸均为电动控制。

2. 苗床

容器育苗多采用单层平面育苗床，该苗床采用钢式结构，用角钢和扁铁焊接而成，长度为 1.4m、宽为 1.1m，上面可放置穴盘或育苗容器。苗床底部垫江沙、珍珠岩、蛭石，以便安装自控嵌入式电热线进行床面加温，用于冬季育苗。电热线由 4 个部分所组成，即热源线、回线、探头和温控器。这种育苗床使用种植布覆盖技术，种植布为一种特制的无纺布，覆盖在育苗床上具有冬季保温，夏季降温、保湿、透光、通气、利水、节能的作用，可为育苗创造更为适宜的小环境条件。冬季育苗在扣板上铺一张具有隔热保温的锡纸，热源线在锡纸上呈 W 字形排列，回线安装在床底与温控器连接，控温探头安装在苗床的中部并与温控器连接。亦可将各个单体苗床连接而成，直线排列。

大棚内的地面用砖和水泥砌成（分隔）4~5 个 200m² 左右，池壁高度为 10cm 的长方形育苗池，采用渗灌的方式进行灌溉。池底部有 6~8 个进排水的地漏孔，地漏孔与进水管道相连，灌溉时水从地漏进入育苗池，灌水深度保持在 6cm 左右，利用容器内基质毛细管的虹吸作用使水渗透到基质内，达到均衡灌溉的效果。2h 后，打开进水管一端的阀门排水。

3. 微喷设施

平面床式种植布覆盖育苗必须安装自动弥雾式微喷系统或航喷装置，做到肥水管理自动化。采用固定的微喷系统，供水管道按连栋大棚进行空中排布，距地面高度为 2m。每个单体大棚安装两条供水管道。喷嘴一般采用进口雾化喷嘴，喷距半径 1.5～2.5m。采用程序控制，可以每跨或每条苗床为一个供水单元进行轮灌。微喷程序设计可根据气温、季节、品种特性等因素而设定，控制吸水动力部分还可与配药配肥箱相连通，做到供水、供肥、病虫防治同时进行。

相关知识二　容器育苗的辅助设施及生产资料

一个现代化容器苗苗圃需要的辅助设施条件，包括：①栽培容器、外容器、渗出物收集系统等容器系统；②自动化灌溉、液体施肥及电导率和养分检测、过滤系统等自动滴灌施肥系统；③根据不同作物、不同容器设计的不同性质和成分的基质系列以及相应的营养液系列；④降温加温设施，如夏季容器降温、除尘、遮阴与冬季防风、保温设施系统；⑤设施运行，配套的病虫害防治、灌溉施肥、技术规程及其他技术参数管理技术等配套生产栽培管理技术。

1. 圃地的选择

由于容器育苗不用考虑土壤的结构、肥力等方面的因素，可充分利用废弃地，但要避免选用有病虫害的土地；圃地应选在交通便利、离城市较近的地区，路况、交通网络与水电设备要基本满足苗圃地需要；与其他苗圃生产有良好的互补性，最好各自生产不同的植物品种，争取客源。此外，最好附近有充足水源，如河流，以保证苗木生长用水。

2. 办公用房及库房

办公用房主要包括办公室、工人休息室等；库房主要用来存放设备、容器、工具、农药、肥料和种子等生产资料，分别堆放，为随时取用提供方便。

3. 基质贮藏室

容器育苗需要大量的培养土及各种基质，所以要设立专门的基质贮藏室。

4. 晒场

晒场主要是为晒干各种培养土所用。晒土可起到消毒作用，又便于贮藏。晒场应设置在阳光充足、距土壤基质贮藏室近的地方。

国外大型苗圃都有一个较大的装盆场地，栽培基质堆放在装盆设备旁边；装盆设备有多种类型，常见的是圆形或长方形装盆设备；另外还应有一个带有装土铲的拖拉机，和带有多个平板车的拖车，以大大加快装盆速度和盆栽苗的运输速度。国内可根据苗圃自身的经济条件选择合适的设备。其他的还有必要的农具、施肥喷药设备等。

5. 容器

育苗容器的规格取决于育苗地区、育苗对象、育苗期限和苗木规格等。在保证栽植成效的前提下，尽量采用小规格容器。根据苗木的大小选择合适的栽培容器，而且要根据苗木的生长随时更换容器。具体内容可参考"育苗容器种类"相关知识。

6. 基质（培养土）

基质是容器育苗的物质基础。容器育苗用基质应具备的条件为：经多次灌溉不易出现板结现象；不论水分多少，体积保持不变；保水性能好，通气性好；质量轻，便于搬运；经过严格消毒，以杀灭其中的病菌、害虫和杂草种子。一般珍珠岩和蛭石在购买时就是无菌的。优质的进口泥炭藓，可以从包装中取出后直接使用。相反地，国产泥炭和松树皮都须经过蒸汽或者甲基溴消毒处理才能使用。

容器育苗生产常用的栽培基质有泥炭、炭化稻壳、锯木屑、炉渣、沙、蛭石、珍珠岩、岩棉、合成泡沫、水苔、塘泥、蕨根、树皮、园土、腐叶土、山泥、石砾、陶粒、浮石等，生产时，常根据各种植物的特性及不同的需要选择上述数种基质材料进行混合，配制成酸碱度、盐分含量、容重、通透性等均适宜的栽培基质，这样能发挥不同基质的性能优势，达到较好的种植效果。不管用什么基质，都要有稳定的化学性质，溶出物不能危害植物的生长，不能析出对植物及人有毒的物质，并对盐类有缓冲能力。

7. 肥料

容器内基质有限，植物又不能获取土壤中的营养，要定期追肥以满足生长发育。营养土中须根据树种、培育期限、容器大小及营养土肥沃程度等确定加入适量的基肥，合理施肥可以使植株生长健壮、枝叶繁茂并提高种苗的质量。

常用的肥料包括有机肥和无机肥、专用肥。有机肥应就地取材，常用的有机肥有河塘淤泥、厩肥、土杂肥、堆肥、饼肥、鱼粉、骨粉等，基肥要堆沤发酵、充分腐熟，粉碎过筛后才能使用。无机肥以复合肥、过磷酸钙为主。苗木栽培最好施用缓释肥。除缓释肥外，可用水溶性液态肥随喷灌一起施入，可有效补充肥料的不足。所追肥料一定要营养均衡，以免产生单盐毒害。此外，追施的肥料不能过量，否则易引起烧苗。

容器栽培系统是一个崭新的现代化苗圃生产系统，具有一次性投入大、管理技术水平要求高、效益大的特点，容器栽培设施及生产资料的准备工作是容器苗栽培生产的基础，需要因地制宜，根据资金确定设备、基建及生产方式，不断完善。

相关知识三　容器苗的摆放

摆放时，一般按容器苗的类型对苗圃进行分区，如草本区、乔木区、灌木区、标本区（圃）等。在各大区按区内苗木的特点进行摆放，如按苗木对水分的需求及酸碱度的不同分不同的小区摆放。环境条件要求相同的苗木放置于同一区内，采用相同的管理措施。喜光植物摆放在阳光充足处，摆放密度可以小些以避免相互遮光；中性、阴性植物分别排放在半阴、隐蔽处，并适当加大密度；喜温植物摆放离热源近的地方等，这样安排既便于管理，又有利于苗木生长发育。

容器的排放要整齐美观，密度合理，中步道便于管理和操作。

1. 苗床的宽度

容器苗的摆放和地栽苗木一样，其苗床的宽度由整形修剪方式、除草、病虫害防治、施肥和喷灌方式所决定。为了方便整形修剪，一般容器小灌木苗床的宽度为 $1\sim1.5m$；干径在 $5cm$ 以上的大苗，其株行距都很大，苗木间须进行各种整形修剪或其他操作，所以苗床的宽度可适当大些，有的苗床宽可达 $3m$。实践证明，采用横断面起伏有坡的宽苗床，坡脊线上为路，谷沟处为排水沟，可大大提高土地利用效率，特别适合降水量多的江南地区。

2. 苗床地处理

在国外苗圃业早期，苗床上多铺盖碎石或木器加工厂废弃的破碎木屑，现大多加铺地布，这种方式在我国已大量采用。在铺盖覆盖物之前，要对土壤进行彻底除草，铺盖碎石和煤渣既利于排水，又利于防止杂草的滋生，减少管理费用。一般碎石的厚度在 10cm 左右。有些苗圃为了节省水资源和便于管理，直接把装好苗的容器半埋或全埋于土壤中，不需要铺盖碎石，用苗时，只需把带有苗的容器起出即可。其苗床的距离与田间栽培相同，管理也相似。

目前，苗圃中多采用园艺地布覆盖。园艺地布是一种经特殊化学抗紫外线处理的，既耐摩擦又抗老化的黑色塑料材料，经高密度编织而成的膜状地面覆盖材料。园艺地布覆盖不会破坏土壤，经覆盖后的土地无法长出杂草，而生产操作、浇水管理更为方便易行。进口质量最好的地布使用寿命可达 10～15 年。

3. 转盆

由于植物的趋光性，它会向光线强的一方偏斜生长，特别是生长快的盆花及新发枝梢，造成偏冠现象。为使植物生长均匀、对称，防止枝梢偏斜一方，隔一段时间后，应转换容器放置方向，使植物均匀生长，即转盆。在生长季节，一般草花生长快，每周应转盆 1 次；木本生长慢，可 10d 转盆 1 次。双屋面南北向延长的温室中，光线自四方射入，无偏向一方的缺点，可不用转盆。

对于露地放置的容器苗，转盆可防止根系自排水孔穿入土中，否则时间过久，移动容器时易将根切断而影响植株生长，甚至萎蔫死亡。

4. 倒盆

植物生长旺盛期间要经常移动容器的位置，增大盆间距离，增加通风透光，减少病虫害和防止徒长，称为倒盆。在温室中，由于容器苗放置位置不同，光照、通风、温度等环境因子的影响不同，容器苗生长状况各异。为了使容器苗生长均匀一致，要经常倒盆，将生长旺盛的苗木移到条件较差的温室部位，而将生长较差的苗木移放到条件较好的温室部位，以调整其生长。生产上倒盆与转盆通常同时进行。

实训操作

工作　容器苗的摆放

一、工作目的

掌握容器苗的摆放技术。

二、工作准备

容器苗生产基地。

三、任务实施

学生分组讨论，根据容器苗的摆放情况制订方案。在技术员或带教教师的指导下分组实施。

(1) 转盆。调整容器苗的向光生长方向。

(2) 倒盆。调整盆距。

四、任务结果

按要求摆放容器苗。

五、任务考核

(1) 学生分组提交产品：容器苗摆放。

(2) 教师或各小组代表多方现场对产品质量、实训工作态度进行评价。

(3) 完成实训报告。实训报告应包括目的、工作方案、实施步骤、技术要求与心得体会等方面内容，格式规范、字迹工整。

任务三 容器苗的管理

教学目标：

了解容器苗对环境的特殊要求；了解容器苗栽培技术；掌握容器苗温光水肥的调控技术。

任务提出：

制订定容器苗季度日常管理生产计划，并对容器苗进行日常管理。

任务分析：

容器苗生长的速度及质量关键在于管理。生产管理技术主要包括翻盆、换盆、摆放、灌溉（浇水）、施肥、整形修剪、病虫害防治等。

相关知识一 容器苗的日常管理技术

1. 翻盆、换盆

上盆后，经1~3年植株生长发育，须根便密布盆底和盆周，浇水后难以透入，肥料也难吸收，生命力便渐趋衰弱，原来盆土理化性质变劣、营养缺乏，此时更换到新培养土的盆中，称为翻盆。在早春，将植株整坨脱出，削去上沿土块和底部排水层，并将拳卷状多余的须根加以修剪。在盆底放一些配制好的培养土，将植株栽入，填土、蹾实，浇上1次透水，放置阴凉通风处。其他管理与上盆相同。脱盆时，用右手食指和中指扶住植株基部，手掌紧挨土面，左手托起盆底，将盆翻过来。盆小的用左手轻捶盆边；大盆用双手持盆，在硬处轻磕盆沿，盆花连同泥土即可整坨脱出。注意盆土要干湿适度，不可过干或过湿；不可散坨。

换盆是盆栽已经健全生长的植株，为促使植株健壮，由小盆换到大盆中去，称为换盆。

换盆是移植的一种，在植物适当的时期换盆，均可成活。换盆通常在秋季或早春，最好是早春，植物即将萌发而尚未萌发的休眠期或发育停顿的时期进行最为稳妥。如有适合的温室条件，一年四季均可进行。换盆时，用左手抓住植株的基部，将盆提起倒置，并以右手轻扣盆边，土球即可取出。栽种与上盆方法相同。栽植深度掌握到根颈处，不可过深或过浅，栽后随即浇透水并培土。

2. 灌溉

水质、灌溉方式、灌水量和灌水次数是容器栽培的重要因素。

（1）水质。只有好的水质，才能培育出高质量的苗木。一般来说，中性或微酸的可溶性盐含量低的水为佳，水中不应含病菌、藻类、杂草种子。

（2）灌溉方式。容器苗的灌溉方式主要有喷灌和滴灌。一般来说，株高低于1m的种苗多采用喷灌，而摆放较稀的大苗则以滴灌为主。不论哪种方式，灌溉的最佳时间是早晨，保持叶片夜间干燥，这样可减少病虫害的发生。

（3）灌水量和灌水次数。不同苗木需水不同，应据此对苗木按对水的需求特性进行合理分区。需水量相同或相近的苗木分在同一区或组。容器苗的用水量一般要大于地栽苗。灌溉的次数随着季节的不同而不同，通常大的容器1～2周浇1次水，小的容器也要3～5d浇1次水，当然也跟容器中苗的大小密切相关。在华东地区，灌溉的主要压力是在夏季。

有时浇水不久后常会发现苗木有失水萎蔫，那是因浇水不均匀造成的。浇水掌握"间干间湿，浇则浇透"原则。每盆都要求浇透，下一次浇水是在容器中基质上部1/3的泥炭发白时，不能等到苗木萎蔫才浇水。特别要提醒的，如苗木出现萎蔫时浇水，开始只浇少量水，润湿基质，等到苗木萎蔫的叶片恢复正常后，再浇透水，不能一次性灌透水，否则根系容易发生腐烂，从而导致苗木死亡。有时浇水会出现很难浇透的现象，那是基质太干或者是根系盘紧基质的缘故，遇到这种情况在管理中可以缩短浇水周期，或者采用喷灌设备定期浇水。常规情况下，要让容器中的基质保持一个干湿交替状态。幼苗生长初期要多次适量浇水，保持培养基质湿润，苗木速生期应量多次少浇水，生长后期要控制浇水。

3. 追肥

容器苗与地栽苗不同，主要靠人工施肥来补充营养。容器苗追肥次数、追肥时间、肥料种类及施肥量根据树种和基肥肥力而定。

在生产中主要有如下两种施肥方法：一是，在容器苗的基质中施用适量的控释肥，直接将肥料拌到基质中或施在容器基质的表面。此法适于绿化大苗的生产。一年只需施1～2次，大大地节省了人工。二是，使用水溶性肥料，结合喷灌直接施入，也可以在给苗木浇水的时候通过使用自动肥料配比机，随浇水一起完成。这种方式对于小苗和小灌木较为合理。

追肥宜在傍晚进行，严禁在午间高温时施肥，施肥后要及时用清水冲洗叶片。

4. 病虫害及杂草防治

本着"预防为主、综合治理"的方针，发生病虫害及时防治。立枯病是幼苗期危害较强的病害，在苗出齐后马上喷施等量式波尔多液，每周1次，可进行2～3次。容器苗病害主要有炭疽病、白粉病、叶斑病、枝枯病、枯萎病、幼苗猝倒病等，虫害主要有蚜虫、蛾类幼虫、蝗虫等，如不及时防治，会给苗圃带来巨大的损失。尤其在苗期阶段的立枯病和猝倒病，严重时可导致幼苗全部死亡。防止幼苗病害的主要方法是基质消毒。现在多采用物理消毒方法，即高温蒸汽消毒，将高温蒸汽通过基质进行消毒，冷却后即可使用。还可采用溴甲烷或甲醛熏蒸，但要注意消毒后等药物挥发完全才能栽植植物。虫害采用周期性喷药防治。可选用的药剂有吡虫啉800倍液、90%敌百虫1 000倍液和50%杀螟松1 000倍液，或菊酯类药剂。苗圃生产管理人员应经常巡视苗圃，发现初孵幼虫及时喷药。此外，茎叶部的病虫害应经常观察，一发现病虫害就要及时防治，以减少损失。

一般来说，当年换盆的容器内杂草相对较少。但随着苗木留在容器内的时间延长，容器内的杂草会越来越多，尤其是苔藓类会布满盆面，影响到苗木的生长。这时就要及时清除。如果苗床上碎石铺得薄或铺的时间过长，也会生长杂草。这时，在大苗区，可喷施灭生性除草剂彻底清除杂草；在灌木区或小苗区，要在苗木售出后苗床清理干净时彻底清除。

5. 容器苗整形与修剪

容器苗的整形修剪可参照地栽苗木的整形修剪方法进行。生产过程中对植株进行整形修剪，使各级主、侧枝分布均匀、疏密适宜，整形修剪是提高容器苗商品价值的一种重要工作。相对于地栽苗木，容器苗一般要"轻"剪，除非树形变化太大，才能"重"剪。树形弯曲大的，可通过绑扎来解决；灌木的修剪，尤其是绿篱类灌木的修剪，可通过类似草坪修剪机械的工具进行修剪。

根据庭院空间及园林景观等的配置要求，对苗木进行加工，称为造型。庭院树木的造型方式大致可分为尽可能自然株形的自然造型和按目标株形整形的人工造型，如直干造型、双干造型、曲干造型、斜干造型、多干造型、丛生造型、动物或几何形状的造型、"车"字形造型、层云形造型、竹筒（插花）形造型、主干镶边造型、垂枝形造型、偏冠形造型、棚架整形、篱笆造型、柱干造型等，另外还有如卵形造型、虬龙形造型、馒头形造型、钻天柱造型、匍匐造型和扁平造型等。

地栽苗木和容器苗木的造型实际上在一定程度上是相通的，只是某些特殊的造型如倒钟形造型、扁平形造型、馒头形造型等，如在地栽苗木中采用，在苗圃起苗时会很麻烦，甚至损坏造型好的株形。容器栽培这种生产方式更有利于苗木株形造型，在造型时，生产者完全可以根据容器苗现有自然树形，根据其耐修剪、耐整形程度，结合充分的想象，来进行创新造型。

修剪的方法主要有摘心、摘叶、抹芽、去蕾、剪或截、疏、伤等，在入冬后至春季芽萌动前木本花卉或宿根花卉，常以短截、修枝、剪根等为主，枝条修剪的部位一般自芽点3～5cm以上处，上端留外侧芽节，以使株型匀称外展，保持通风透光，防止病虫潜伏。修剪用的刀剪，应锋利，剪口平滑，以防枝条剪裂。

由于容器苗初期摆放较密，植株生长较快，茎较软弱，一般需要用立柱支撑，用塑料袋或绳索绑定，以保证苗木直立。我国多用于竹竿固定苗木，短小的竹竿只有1m，长的有2～3m；在北美，苗木的固定是用一种小型工具，类似于订书机，使苗木的固定工作变得非常简单、迅速。

6. 越冬管理

越冬是容器栽培的重要一关，尤其在冬季气温较低的地区。在长江中下游地区，冬季气温低于−5℃，部分树种的根系对低温反应敏感，如不加保护，容器苗根系会因冻坏伤根而影响翌年生长甚至死亡。通常采用以下两种方法：一种是把苗木移入温室或塑料棚中，这种方式适合于小型容器苗；另一种越冬方式可采用锯木屑、稻秸、麦秸及稻壳覆盖根部，以保证苗木的正常越冬，大苗越冬宜采用这种方法。翌年春季把秸秆收集堆积起来，经过一年腐烂，又成为优良的栽培基质。

经过越冬的容器苗，由于上一年的生长，在第二年摆放时为了保证苗木的生长及质量，需要更换较大的容器。但不论是否更换容器，都要加大容器间的摆放距离，使苗木具有更大的生长空间。

相关知识二　容器苗播种育苗

1. 种子选择

种子是育苗的基础，种子的好坏直接影响到幼苗的好坏，要培育出高产的壮苗，育苗前必须进行种子质量的检查。

质量好的种子应该是纯度高、饱满干净、生活力强、不感染病虫、没有杂草种子和其他夹杂物、必须保证具有该品种的优良特性的种子。这一点对生产的好坏影响是最直接的，买种子时必须十分注意。

2. 播种量的确定

育苗前要准备足够量的种子，种子用量主要根据预期用苗量、植物种子质量、植物种类、育苗技术和栽培密度等情况来决定。用多少苗与种子质量有关，质量好的种子发芽率和清洁率高，可比质量差的种子用量少，尤其是发芽率差的种子，播种量就要大。在实际应用中，因为播种后出苗数比试验的发芽率低，再加上病害、冻害，移苗和定植都有损失，所以，一般实际播种量要比计算出的播种量高 20%～30%。

3. 播种基质

配制基质的材料有黄心土（生黄土）、火烧土、腐殖质土、泥炭、蛭石和珍珠岩等，按一定比例混合后使用。泥炭和蛭石（或珍珠岩）以 1：1 或 2：1 的比例是较为理想的播种基质配方；泥炭和松树皮 2：1 是喜酸性树种播种基质的配方。

混合后的基质还需经过酸碱度调整及消毒处理。为了保证出苗后苗期的养分需求，通常还要在基质中拌入适量肥料，可以是饼肥、腐熟的有机肥、过磷酸钙等。

4. 基质装盆

要根据种子的大小和发芽特性以及成本，选择合理的育苗容器，具体参考"育苗容器"相关内容。将准备好的基质，装入容器；装填无底容器时更要把底部装实，避免提袋时漏土。摆放容器时容器直立，上口平整一致，错位排列，容器之间空隙用营养土填满。

5. 苗床

可根据苗床的设施条件，选择不同类型的苗床、采用成套苗床（如固定式苗床、移动式苗床）育苗，可直接在苗床之上摆放营养钵，要求育苗设施有配套的加温、降温等设施。采用简易苗床育苗，一般选用电热加温苗床和节能型加温苗床。

6. 催芽

播种时期，主要根据栽培方式、植物种类和品种、当地气候条件、育苗设备和育苗技术等具体情况而定。采用种子繁殖育苗播种前，一般都进行催芽以利于播种后出苗快，出苗整齐。

（1）浸种。浸种的方法有温水浸种、热水浸种、微量元素浸种等。

温水浸种，是将种子放在清洁的容器中，加入 25～30℃干净温水，水要浸没种子，用手搓洗种子去掉沾在种子上的果肉和黏液等，捞出浮在水面上的瘪籽和杂物，然后再换25～30℃的清水浸泡 5～6h，此时将种子捞出，用干净纱布包好，空去多余水分，在 25～28℃温度下催芽，经 2～3d 即可发芽。温水浸种方法简便安全，但对种子没有消毒杀菌作用。

热水浸种，是用 55℃的恒温热水浸种。其方法是将 55℃的热水放在干净的盆中，再将种子慢慢倒入，随倒随搅，并随时补充热水。保持 55℃水温 10min 之后，加入少许冷水，搓洗干净后捞出放在25～30℃的清水中继续浸种4～5h。热水浸种不仅能促进种子吸水，还具有杀菌防病的作用。但一定要注意掌握好水温和时间，并不停搅动，否则会烫伤种子，影响发芽。

微量元素浸种。微量元素是组成植物体内酶的重要物质，还有很强的催化作用。播种前，用一定浓度的微量元素溶液浸泡种子，有助于长出的幼苗健壮，生活力强。例如，用0.02%硼酸溶液浸泡番茄、茄子、辣椒种子5～6h，然后再催芽播种，可增产89%以上。

（2）催芽。利用催芽仪或催芽室进行催芽，催芽时应保证高温、高湿的环境，温度为25～30℃，相对湿度95%以上，催芽时间3～5d。待60%～70%的种子胚根伸长至1～2cm时，即可移苗。根据苗木的种类，将露白种子点播在穴盘中，一个穴里播3～4粒种子，播后用蛭石覆盖。覆盖厚度一般为种子直径的1～3倍，微粒种子以不见种子为宜。

不同植物催芽要求的温度不同，有些植物变温处理更有利于发芽。

7. 播种

容器育苗多采用点播。每个容器播2～3粒种子，播后覆土，覆土厚度视种粒大小而定，一般为种子直径的1～3倍，覆土以不见种子为度。播种后要立即浇水，并且要浇透。对微小种子要先浇足底水后再播种、覆土，最好用细嘴喷壶浇少量水，湿润种子即可，以防冲掉种子。

8. 播种后的管理

（1）覆膜。播种后，育苗钵或播种床上覆盖塑料薄膜，以保持一定温度和水分。发现盆土发干，就应浇些25℃左右的温水，但不要浇水过多，否则容易发生烂种。当发现盆土过湿时，应及时去掉上面的塑料薄膜。

（2）撤膜。出苗前要经常检查，只要看到有10%～20%的幼苗出土，大部分开始顶土时，应立即揭除薄膜，防止幼苗徒长。

（3）间苗。幼苗出齐后7d，间除过多的幼苗，每个容器中保留1株苗，对缺株容器及时补苗。

（4）温湿度调控。育苗温室内的温度适当降低，从出苗到出齐的过程中，床温应逐渐降低，以增强幼苗的抗寒性和抗病性，使幼苗组织充实，防止徒长。降温的过程以不影响出苗为标准。

容器育苗水分蒸发快，整个育苗期20～25℃需浇水3～4次。出苗和幼苗期浇水要多次、适量，保持培养基湿润；速生期浇水要量多、次少，做到培养基干湿交替；生长后期要控制浇水；出圃前要停止浇水。浇水后要注意通风，降低空气湿度。天气热时多喷水，以利于降温、增湿，防止病毒病发生。

容器育苗能否成功，关键是能否有效控制温、湿度。

（5）养分管理。苗期在基质养分充足的情况下一般不需要追肥，若追肥一般在2～3片真叶时结合浇水追1次速效氮肥，在3片真叶期叶面喷施1次尿素或磷酸二氢钾，对培育壮苗有明显的效果。容器苗追肥次数、追肥时间、肥料种类及施肥量根据树种和基肥肥力而定，一般追氮肥为主的3～4次，磷、钾肥为主的3次。追肥时间一般7～10d 1次。追肥结合浇水进行，不能干施化肥；追肥宜在傍晚进行，严禁在午间高温时施肥，施肥后要及时用清水冲洗叶片。

（6）光照。育苗场所应尽量提高光照强度和适当延长光照时间。成苗期后，秧苗拥挤，容易徒长，应注意改善秧苗受光条件，可适当将营养钵间距拉大，避免秧苗相互遮阴。

（7）炼苗。在定植前10d开始锻炼幼苗，逐渐降低床温，控制水分，增强光照，逐渐加大通风。在炼苗阶段，降温过快或超过幼苗忍耐极限时，容易发生冻害。注意天气变化，随时做好防寒保温工作。

（8）病虫害防治。苗期病虫害防治参考前面内容进行管理。

相关知识三　容器苗的扦插育苗

1. 扦插基质

扦插基质要求透水通气性好，可选择腐熟的松树皮、珍珠岩、浮石、粗砂和泥炭等，以树皮和浮石二种较好，颗粒或片径以 3～6mm 为宜。

2. 插穗的剪取

选取健康、无病虫害、半木质化的枝条，插穗 6～10cm、2～4 个节，具体剪切时要依叶片的大小和节间的密度调整插穗的长度，上切口在节的上方 1～2cm 处，下切口在节的下方 1cm 处较好，去除下部的叶子，保留上部的叶子，通常在保证插穗不失水的前提下，多留几片叶子。

采后将穗条喷水保湿，或用湿布、塑料薄膜包裹，要贮运的需先入冷库存放，待凉透了以后才可用冷藏车运输。在剪穗的过程中要经常性地喷水，保证剪好的和未剪好的插穗不失水。

3. 插穗的处理

嫩枝扦插，组织幼嫩又留有上下切口及叶痕和剪叶造成的伤口，给细菌的侵染繁衍创造了条件，在扦插前须对插穗进行杀菌处理。杀菌处理可以用多菌灵、硫菌灵、百菌清等，通常采用基部浸泡，一般用 1 000 倍上述药剂浸泡 15～30s。

为促进生根，生根整齐，插穗扦插前采用生根剂处理，生根剂的处理多是采用高浓度速蘸处理和粉剂处理。

通常杀菌和生根剂处理同时进行，将适量的杀菌剂溶解在生根剂中，杀菌剂浓度要比较高，200 倍液量左右。粉剂处理可以将杀菌药剂直接混入粉剂中。

4. 扦插

插穗深度的原则是只要能固定插穗，宜浅不宜深。插得太深，插穗基部会由于通气不良而腐烂，而且生长缓慢。一般插入基质深度 2cm 左右。扦插最好在阴天、早晨或傍晚进行。

5. 插后水分管理

全自动间歇喷雾育苗成功与否，主要取决于能否根据扦插的不同时期进行喷雾。一般待叶片上水膜蒸发减少到 1/3 时开始喷雾，待长出幼根时，可在叶面水分完全蒸发完后稍等片刻再进行喷雾。大量根系（根系 3cm 以上）形成后可只在中午前后少量喷雾，待普遍长出侧根后应及时炼苗移栽。基质需定期浇水。

也可采取遮盖塑料薄膜的方式来达到保温保湿目的。

6. 病虫害防治

嫩枝扦插在高温高湿环境下，容易感染细菌腐烂。在插前可进行插穗杀菌处理，插后要及时喷施 800 倍液多菌灵和甲基硫菌灵，以后每 5d 喷 1 次。喷药要求在傍晚停止喷雾后进行。如果出现插穗发病和腐烂的现象，要及时清理，防止病害的蔓延。

7. 追肥

扦插愈伤组织形成后多结合喷药防病进行叶面追肥，促进苗木生长。喷施的叶面肥采用水溶性肥料 20-10-20 和 14-0-14 交替使用，能有效补充穗条生根和生长所需营养。通常形成到幼根初期，使用水溶性肥 N 的浓度 50mg/kg 喷施，根系大量形成后到移栽前，浓度可增加到 100～150mg/kg，建议采用浇肥的形式，达到上下同时吸收。

相关知识四　控根容器育苗

控根容器育苗是近几年兴起的一种育苗栽培方式，主要优点是生根快、生根量大、苗木成活率高、移栽方便、一年四季都可以移栽，特别是名、特、新、稀、优树种在控根容器中栽培，省时省力、成活率高、见效快。

控根容器苗木被称为活动的绿洲和可移动的森林。下面介绍控根容器育苗技术规程。

1. 控根容器的概述

（1）控根容器的组成。控根快速育苗容器简称为控根容器，由底盘、侧壁和插杆 3 个部件组成。底盘的设计对防止根腐病和主根的缠绕有独特的功能；侧壁是凹凸相间，凸起外侧顶端有小孔，具有"气剪"控根，促使苗木快速生长的功能。控根容器具有增根、控根、促长等作用。

（2）控根容器的选择。控根容器的型号很多，如 K2020，即容器直径为 20cm、容器高度 22cm。容器的选择要根据苗木的生长习性、苗木的种类、苗木大小、苗木的生长时间和苗木规格大小来确定，在不影响苗木生长的前提，合理选用容器。培育不同规格的苗木应选择适宜型号的容器，小灌木、匍匐类苗木，可选择用 K2022 规格的容器；根径 4cm 以下，高度 3.5cm 以下，易选用 K3031 容器；根径 4cm 以上，10cm 以下，高度 3.5cm 左右，可选用 K9063 规格的容器。

2. 栽培基质

栽培基质因地适宜就地取材，适宜栽培的基质主要种类有杂树皮、锯末、枯枝落叶、作物秸秆（玉米秸）、花生壳、废菌棒、牛粪、圈粪等。将它们加工粉碎，最大直径不超过 2cm，加入特制菌液发酵后使用。栽培基质与牛粪（圈粪）混合比例为 8∶2。

3. 苗木的选择

控根容器栽培主要选择木本植物，选择名特新且价格较高的品种，如紫叶挪威槭、黄花丁香、红叶紫荆、树桩月季、蓝冰柏、黄金海岸柏等，苗木应选择生长健壮、树型优美、无病虫害的植株。

（1）苗木处理。选用控根容器栽植的苗木应进行枝条和根系修剪，枝条修剪时把内膛枝、弱枝、病虫害枝剪去，根系修剪应剪去老根、露新茬，根长控制在 15～20cm，裸根栽植。栽植前用 200mg/L 的 ABT2 生根粉溶液或国光 20 生根粉对根系进行浸泡。

（2）苗木栽植。栽植最好选择阴天或下午进行，栽后先放置庇荫处。为了确保苗木的成活，要做到苗木随起随栽，对于不能及时栽植的苗木要在地方假植，尽量减少苗木暴露在阳光下的时间，以防失水过多。栽植时根系与基质紧密结合，栽植时根底部要垫一定基质，边栽边稍提苗，然后踩实，基质不用太满，基质离容器上边缘 5cm 左右，以便浇水。栽培的容器苗统一安装滴灌，达到一个容器一个滴头。

4. 放置地的选择

控根容器苗木摆放位置在平坦的地面，如地面为裸露土壤应在地面垫一层石子或粗炭渣，地上经常洒水保持湿度，有利于根系补充氧气和水分，控根容器苗木不要长时间放在土地上，以免根系从容器长出扎入地下，失去控根的作用。

5. 控根容器的固定

栽植好的容器苗木分类，用特制塑料绑扣，将树干固定在钢丝绳上，以防风刮。

6. 控根容器苗的日常管理

（1）浇水。浇水方式和浇水量是容器苗支持生长的重要因素。在规模生产中采用喷灌和人工操作两种方式。根据天气、季节、温湿度变化浇水，浇水要浇透，不要上湿下干，缺水或过湿，对苗木生长都不利。浇水最佳时间是早晨。

容器苗的用水量一般要大于地栽苗，浇水的次数要随季节的变化而变化，浇水量和浇水次数要随苗木的需要而灵活掌握。不同植物、不同苗木、不同容器、不同基质，所需浇水量不同。浇水应根据容器类型、基质配制、苗木种类进行合理分区。同一容器、同一基质、同一苗木、相同或相近的苗木放在一个区。在浇水时一定要确保每个容器都能获得大约等量的水。栽新苗木栽入控根容器后，控根容器四周底部都有通气孔，而且栽植基质透水性强，需要大量水，新栽苗木要连续数天浇水，夏天每天早晚要各浇一次，浇水不及时或浇不透水或出现干旱，会影响苗木正常生长。

（2）施肥。容器苗与地栽苗不同，控根容器苗木的生长速度与施肥关系密切，特别是对于封闭式容器育苗，苗木从土壤中吸收到的养分较少或极少，主要靠人工施肥来补充营养。

春天是植株旺盛生长期，施肥能及时供给植株需要的养分，此时施肥以氮肥为主，并加入适量的磷钾肥，氮磷钾比例一般为 $3:1:1$，这样既可使植株枝叶茂盛，还利于生根。在使用化肥的同时，还可以施一些腐熟的有机肥，这样不仅能达到营养平衡的目的，还可以有效提高土壤的肥力和疏松度，使苗木全面吸收养分。

对长势较差的苗木，还可对其叶面喷施肥料，一般多采用浓度为 0.5% 尿素或 800 倍的磷酸二氢钾，每两周喷 1 次连续 3 次。对名优苗木也可补充一些微量元素，如硼、铜、铁等。

（3）控根容器的冬季管理。冬季管理是控根容器的重要一环。可采取适当保护措施，保护控根容器苗木的根系不受冻伤影响翌年的生长。

常用的冬季防护措施有土埋法、覆盖法和包干涂白。立冬过后，首先挖好地沟，深度 25cm 将容器苗有规则地排放在一起，周围培上土，浇透水；或将控根容器的苗木集中一起，用锯末、草苫、秸秆覆盖容器表面；或在控根容器苗主干周围捆上稻草或草绳缠绕，也可以用塑料薄膜包上树干以减少水分蒸发和空气的流动；或用石硫合剂涂白，既可防冻害也可防治虫害。

对不耐寒的小容器苗木、名贵苗木移入温室或大棚内防寒。

进入冬季，浇水量要少，适当控水。温度降到 0℃ 左右时要浇防冻水。控制氮肥的用量，可以施一些磷肥或土杂肥来提高容器苗木的抗寒能力。入冬后，最好不要进行修剪。修剪促使芽的分化和苗木的生长而导致容器苗的抗寒能力下降，产生的伤口直到春季开始生长才能愈合，伤口如腐烂会降低树势。

（4）病虫害防治。控根容器苗木主要病虫害种类与露地栽培的基本相同，如刺蛾、介壳虫、天牛、蚜虫、白粉病等，可按常规方法防治。

相关知识五　容器苗的销售与运输

容器苗，包括容器里播种苗和扦插苗，其出圃质量要求是根系发育良好，扦插苗新芽萌发情况良好，播种苗新叶色泽正常，无机械损伤，无病虫害。如是经过移栽的容器苗，其质量要求根系发达，已形成良好根团，苗干直立，色泽正常，长势好，无机械损伤，无病虫害。

为了方便生产管理和销售，可参考国外苗圃的做法：为每盆苗木准备一个品种、批号、时间等信息的标签，在生产整个过程直至销售。

容器苗的销售，可在花园中心和园艺、建材超市进行，也可以在圃地上进行。苗圃的销售人员按照客户的订单，与生产部门交接好，然后将所需各品种、各规格容器苗从栽培区运往圃地集结区，进行清点确认，然后各规格、各品种苗木相搭配组装上车运输。由于容器苗都是带盆销售，致使车厢容量空间较为紧张，为了保证容器苗在运输途中不受损伤，特别是长途运输，可在车内做分层的架层结构设计，将各容器小心码放，尽量利用空间，减少运输成本，途中应注意通风换气。

实训操作

工作一　容器苗的日常养护管理

一、工作目的

掌握容器苗栽培技术，做好容器苗日常管理工作。

二、工作准备

工厂化容器苗育苗基地。

三、任务实施

学生分组讨论，确定方案。在技术员或带教教师的指导下实施。
（1）浇水。根据容器苗的生长、基质等情况进行浇水。
（2）施肥。根据容器苗的生长情况进行合理施肥。
（3）松盆土。根据容器苗的盆土情况进行，可与浇水、施肥结合进行。
（4）查缺补植。检查苗木生长情况，缺失的进行补植。
（5）翻盆。根据苗木的生长合理翻盆。

四、任务结果

完成规定容器苗的日常养护管理。

五、任务考核

（1）学生分组提交产品：容器苗。

（2）教师或各小组代表多方现场对产品质量、实训工作态度进行评价。

（3）完成实训报告。实训报告应包括目的、工作方案、实施步骤、技术要求与心得体会等方面内容，格式规范、字迹工整。

工作二　容器苗的摘心

一、工作目的

掌握容器苗的整形修剪技术，完成容器苗的摘心工作。

二、工作准备

1. 设备、工具

剪刀等。

2. 确定品种

地栽一串红 20 株。

3. 时间

8 月下旬，即为"国庆"开花的最后一次摘心。

三、任务实施

学生分组讨论，确定方案。在技术员或带教教师的指导下实施。

操作规程：

（1）用剪刀或手指摘去一串红嫩枝部分。

（2）摘心后的植株应保证株冠呈圆形。

操作要点：

（1）摘心可控制植物生长和花期。一般每次摘心的间隔时间为 25d 左右。

（2）摘心可安排在上午，枝条鲜嫩，操作容易。

（3）注意每株一串红的摘心高度，使整个批次的植株大小均衡。

四、任务结果

一般从分枝以上 5～6 片叶处剪摘。但强枝可重剪，弱枝须轻剪，以保平衡生长。

五、任务考核

（1）学生分组提交产品：检查摘心的均匀程度；检查有无漏摘枝条。

（2）教师或各小组代表多方现场对产品质量、实训工作态度进行评价。

（3）完成实训报告。实训报告应包括目的、工作方案、实施步骤、技术要求与心得体会等方面内容，格式规范、字迹工整。

工作三 定型修剪

一、工作目的

掌握容器苗的定型修剪技术，完成对木本容器苗的定型修剪工作。

二、工作准备

1. 工具、设备

绿篱剪、园林枝剪、锯子等。

2. 备料

黄杨毛胚球两株，冠径 50cm 左右

三、任务实施

学生分组讨论，确定方案。在技术员或带教教师的指导下实施。

操作规程：

（1）观察确定修剪的高度，圆形度。

（2）将枯枝、病枝等剪除。

（3）第一刀修剪应略高于确定的高度，然后再修剪到位。

（4）有些枝条太硬可用园林枝剪补修到位。

（5）将修剪下来的枝条清除干净，地面卫生。

操作要点：

（1）定型修剪即造型第一次修剪，也就是决定了它今后的形状和结构，要慎重制订方案。

（2）遵循修剪的基本要求，做到"一知、二看、三剪、四拿、五处理"。

（3）修剪做到规范、安全、文明。

四、任务结果

黄杨球修剪后要考虑生长的规律，即采光、雨水等。

五、任务考核

（1）学生分组提交产品：检查所确定修剪的高度、大小是否合适；操作规范、文明卫生。

（2）教师或各小组代表多方现场对产品质量、实训工作态度进行评价。

（3）完成实训报告。实训报告应包括目的、工作方案、实施步骤、技术要求与心得体会等方面内容，格式规范、字迹工整。

4 项目四

组织培养育苗

植物组织培养是以植物生理学为基础发展起来的一项新兴技术，在种苗快繁、脱毒苗培育、突变筛选培育、药用植物工厂化生产、种质保存和植物基因库建立等方面，取得了显著的成效。

植物细胞具有全能性，通过组织培养手段能使单个细胞、小块组织、茎尖或茎段等离体材料经培养获得再生株体。植物组织培养育苗在人为的提供一定温度、光照、湿度、营养和植物生长调节剂等条件下进行的，极利于高度集约化的工厂化生产，便于标准化管理和自动化控制。与田间栽培、盆栽等相比，省去了中耕除草、浇水施肥、病虫防治等一系列繁杂劳动，节省人力和物力，有效地提高了生产率。

植物细胞组织培养的研究开始于 1902 年德国植物生理学家 Haberlandt，他提出了细胞全能性理论，认为高等植物的器官和组织可以不断分割，直至单个细胞，这种单个细胞是具有潜在全能性的功能单位，即植物细胞具有全能性，至今已有 100 多年的历史。White、Gautheret 和 Nobecourt 等科学家通过大量实验，对培养基成分和培养条件广泛研究，特别是对维生素 B、生长素和细胞分裂素作用的研究，确立了植物组织培养的技术体系，并首次用试验证实了细胞全能性，为以后快速发展奠定了基础。20 世纪 60 年代以后，植物组织培养进入了迅速发展时期，研究工作更加深入，从大量的物种诱导获得再生植株，形成了一套成熟理论体系和技术方法，并开始大规模的生产应用。

随着分子遗传学和植物基因工程的迅速发展，以植物组织培养为基础的植物基因转化技术得到广泛应用，并取得了丰硕成果。转基因技术的发展和应用表明植物组织培养技术的研究已开始深入到细胞和分子水平，见图 4-1。

植物组织培养育苗是一项技术性强、无菌条件要求高的工作，对场地有一定的要求，须配备必要的仪器设备和器皿、器械，还必须熟

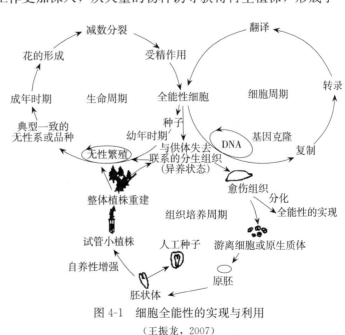

图 4-1　细胞全能性的实现与利用
（王振龙，2007）

练掌握每个环节的操作技术。植物组织培养的一般程序包括拟定培养方案、初代培养、继代扩繁、生根壮苗培养及驯化移栽，其基本操作技术包括培养基的配制与灭菌、外植体的选择与消毒、无菌接种与培养、试管苗生根与驯化移栽等。

任务一　组培育苗工厂化生产设施

教学目标：

了解组培的基本知识；掌握组培工厂化生产场地构成与规划。

任务提出：

组织培养的目的是什么？

组织培养需要哪些设施设备？如何进行规划设计？

任务分析：

第一，让学生了解组培的基本知识和组织培养对环境的要求；

第二，带领学生参观实习组培工厂；

第三，学生根据需要和试剂情况进行规划设计；

第四，同时让学生掌握各个操作间的布置及使用功能。

相关知识一　组培的概述

1. 组培的基本概念

（1）植物组织培养。植物组织培养是指在无菌和人工控制的环境条件下，利用适当的培养基，对离体的植物器官（根、茎、叶、花、果实等）、组织（形成层、花药组织、胚乳、皮层等）、细胞（体细胞和生殖细胞）或原生质体等进行培养，使其生长、分化并再生成完整植株的技术。由于植物组织培养中的培养材料脱离了植物母体，所以又称为植物离体培养。

（2）组培苗。根据植物细胞具有全能性的理论，利用外植体在无菌和适应的人工条件下培育的完整植株。

（3）外植体。凡是用于离体培养的植物组织器官、组织、细胞或原生质体统称为外植体。

2. 植物组织培养的生理依据

（1）植物细胞的全能性。植物组织培养的理论依据是细胞全能性。所谓细胞全能性就是指植物体的任何一个有完整细胞核的活细胞都具有该种植物的全套遗传信息和发育成完整植株的潜在能力。例如，一个受精卵通过细胞分裂和分化产生具有完整形态和结构机能的植株，这是受精卵具有该物种全部遗传信息的表现。同样，由合子分裂产生的体细胞也同样具备全能性。但在自然状态下完整植株不同部位的特化细胞只表现出一定的形态与生理功能，构成植物体的组织或器官的一部分，是因为细胞在植物体内所处的位置及生理条件不同，其分化过程受到各方面的调控，某些基因受到控制或阻遏，致使其所具有的遗传信息得不到全部表达的缘故。

植物细胞的全能性是潜在的，要实现植物细胞的全能性，必须具备一定的条件：体细胞与完整植株分离，脱离完整植株的控制；创造理想的适于细胞生长和分化的环境，包括营养、激素、光、温、气、湿等因子。只有这样，细胞的全能性才能由潜在的变为现实的。植物的离体组织、器官、细胞或原生质体在无菌、适宜的人工培养基和培养条件下培养，满足了细胞全能性表达的条件，因而能使离体培养材料发育成完整植株。

（2）植物的再生性。在植物分化根、茎、叶等器官的过程中，某处组织受到一定的损伤，则往往在受伤部位会产生新的器官，长出不定芽和不定根，从而形成新的完整植株。植物之所以会产生器官，是由于受伤组织产生了创伤激素，由此促进愈伤组织的形成，并凭借内源激素和贮藏营养的作用又产生了新的器官。

植株再生过程即为植物细胞全能性表达的过程，一般经过脱分化和再分化两个阶段。一般所说的细胞分化是指细胞在分裂过程中发生结构和功能上的改变，逐渐失去分裂能力，而形成各类植物组织和器官。由种子萌发到长成完整植株，这是胚性细胞内不断分裂和分化的结果。所谓脱分化正好与分化过程相反，是指植物组织培养中构成离体植物器官和组织的成熟细胞或已分化的细胞转变成为分生状态的过程，即诱导成为愈伤组织的过程。其特征是已失去分裂能力的细胞重新获得了分裂能力。所谓愈伤组织是指在人工培养基上经诱导后外植体表面上长出来的一团无序生长的薄壁细胞。脱分化的难易程度与植物的种类、组织和细胞的状态有关。一般单子叶植物比双子叶植物难；成熟的植物细胞和组织比未成熟的植物细胞和组织难；单倍体细胞比二倍体细胞难。所谓再分化是指由脱分化的组织或细胞转变为各种不同的细胞类型，由无结构和特定功能的细胞团转变为有结构和特定功能的组织和器官，最终再生成完整植株的过程。

3. 愈伤组织的形成和形态发生

（1）愈伤组织的形成。几乎所有植物材料经离体培养都有诱导产生愈伤组织的潜在能力，并且能够在一定的条件下分化成芽、根、胚状体等。一般而言，诱导外植体形成典型的愈伤组织，大致要经历3个时期：启动期、分裂期和分化期。

①启动期。又称为诱导期，是指细胞准备进行分裂的时期。启动期的长短，因植物种类、外植体的生理状态和外部因素而异。

②分裂期。分裂期是指外植体细胞经过诱导后脱分化，不断分裂、增生子细胞的过程。处于分裂期的愈伤组织的特点是：细胞分裂快，结构疏松，缺少有组织的结构，颜色浅或呈透明状。愈伤组织的增殖生长发生在不与琼脂接触的表面，在经过一段时间的生长后，愈伤组织常呈不规则的馒头状。如果把分裂期的愈伤组织及时转移到新鲜的培养基上，则愈伤组织可以长期保持旺盛的分裂生长能力。

③分化期。分化期是指停止分裂的细胞发生生理代谢变化而形成不同形态和功能的细胞的过程。若分裂期的愈伤组织在原培养基上长期培养，细胞质不可避免地进入分化期，产生新的结构。分化期愈伤组织的特点是：细胞分裂的部位由愈伤组织表面转向愈伤组织内部；形成了分生组织瘤状结构和维管组织；出现了两种类型的细胞；出现一定的形态特征等。生长旺盛的愈伤组织一般呈奶黄色或白色，有光泽，也有淡绿色或绿色的；老化的愈伤组织多转变黄色甚至褐色，活力大减。

（2）愈伤组织的生长与分化。外植体细胞经过启动、分裂和分化等一系列变化过程，形成了无序结构的愈伤组织块。如果使他们在原培养基上继续培养，就应解决由于其中营养不足或有毒代谢物的积累，而导致愈伤组织块停止生长，直至老化变黑死亡的问题。若要愈伤组织继续生长增殖，必须定期将它们分成小块，接种到新鲜的原培养基上继代增殖，愈伤组织才可以长期保持旺盛生长。这是长期保存愈伤组织的一种方法。

（3）愈伤组织的形态建成。分化期的愈伤组织虽然形成维管化组织和瘤状结构，但并无器官发生。只有满足某些条件，愈伤组织才能再分化出器官（根或芽）或胚状体，进而发育成苗或完整植株。

愈伤组织的形态发生，一般有 3 种方式：①先芽后根，这是最普遍的发生方式；②先根后芽，但芽的分化难度比较大；③在愈伤组织块的不同部位上分化出根或芽，再通过维管组织的联系形成完整植株。通过在愈伤组织表面或内部形成胚状体，是愈伤组织形态组织发生的特殊方式。

4. 根芽激素理论

在植物组织培养过程中，外植体往往通过器官发生的途径来再生植株，但根和芽的产生并不是同步的。通过大量研究表明，植物激素是影响器官建成的主要因素。1955 年，Skoog 和 Miller 提出了有关植物激素控制器官形成的理论即根芽激素理论：根和芽的分根和芽的分化由生长素和细胞分裂素的比值所决定，二者比值高时促进生根；比值低时促进茎芽的分化；比值适中则组织倾向于以一种无结构的方式生长。通过改变培养基中这两类激素的相对浓度可以控制器官的分化。

大量的试验结果表明，根芽激素理论适用多数物种，只是由于在不同植物组织中这些激素的内源水平不同，器官发生的能力有差异，导致不同组织来源的外植体可能在相同的培养条件下诱导再生器官类型，或用不同的培养条件诱导相同的器官发生。这就是激素的位置效应问题。因而对于某一具体的形态发生过程来说，它们所要求的外源激素的水平也会有所不同。

5. 组培苗遗传稳定性的问题

遗传稳定性问题，即保持原有物种特性的问题。虽然植物组织培养中可获得大量形态、生理特性不变的植株，但通过愈伤组织或悬浮培养诱导的组培苗，经常会出现一些变异个体，其中有些是有益变异，而更多的是不良变异。如观赏植物不开花、花小或花色不正，果树不结果、抗性下降或果小、产量低、品质差等，给生产造成很大的损失。因此，组培苗遗传稳定性问题是植物组织培养的一个重要问题。

6. 植物组培的类型

根据外植体的来源及培养阶段，可将植物组织培养化为以下几种类型。

（1）按植物体的来源划分。

①植株培养。对具有完整植株形态的幼苗进行无菌培养的方法称为植株培养。一般多以种子为材料，以无菌播种诱导种子萌芽成苗。

②胚胎培养。对植物成熟或未成熟胚以及具胚器官进行离体培养的方法称为胚胎培养。胚胎培养常用的材料有幼胚、成熟胚、胚乳、胚珠、子房等。

③器官培养。对植物体各种器官及器官原基进行离体培养的方法称为器官培养。植物器官培养材料有根、茎、叶、花、果实、种子等。

④组织培养。对植物体的各部分组织或已诱导的愈伤组织进行离体培养的方法称为组织培养。常用的植物组织培养材料有分生组织、形成层、表皮、皮层、薄壁组织、髓部、木质部等组织。

⑤细胞培养。对植物的单个细胞或较小的细胞团进行离体培养的方法称为细胞培养。常

用的细胞培养材料有性细胞、叶肉细胞、根尖细胞、韧皮部细胞等。

⑥原生质体培养。对除去细胞的原生质体进行离体培养的方法称为原生质体培养。

（2）按培养阶段划分。

①初代培养。初代培养是指将从植物体上所分离的外植体进行最初几代的培养阶段，也称为启动培养。其目的是建立无菌培养物，诱导腋芽或顶芽萌发，或产生不定芽、愈伤组织等。

②继代培养。继代培养是指将初代培养诱导产生的培养物重新分割，转移到新鲜培养基上继续培养的过程。其目的是使培养物得到大量繁殖，也称为增值培养。

③生根培养。生根培养是指诱导无根组培苗产生根，形成完整植株的过程。其目的是提高组培苗移栽后成活率。

7. 植物组织培养的特点

①培养材料经济，来源广泛。

②培养条件可人为控制，便于周年生产。

③生产周期短，繁殖速度快。

④管理方便，可实现工厂化生产。

相关知识二　组培场地的规划设计

要完成整个植物组织培养育苗过程，其工作场地主要包括室内实验室和温室两大部分。而组培实验室的面积大小和装备程度取决于工作性质、生产规模等条件。在这里主要讲解组培实验室构造。

1. 组培室的基本组成

植物组织培养室内实验室通常包括准备室、无菌操作室、培养室等。其各分室的功能，见表 4-1。

表 4-1　组培室各分室的功能

分室名称	功能
贮藏室	主要用于存放各种化学药品、仪器设备、玻璃器皿等
洗涤室	培养容器和实验用具等洗涤、干燥和贮存；培养材料的预处理；组培苗出瓶、清洗与整理等
配制室	母液和培养基的配制；培养材料的预处理
灭菌室	培养基、接种工具与用品的消毒灭菌
接种室	离体植物材料的表面灭菌、接种；培养物的转接等无菌操作。在接种室外设有缓冲间，以防止带菌空气直接进入接种室和工作人员进出接种室时带进杂菌
培养室	培养离体材料

2. 设备与器械用品

植物组织培养技术含量高，操作复杂，除了建立组培无菌空间外，还需要一定的设备和器械用品作辅助，才能完成离体培养的全过程。组培室常见的仪器设备、玻璃器皿、器械用品，见表 4-2 和表 4-3。

表 4-2　组培室主要仪器设备

类别	仪器设备名称
贮藏设备	药品柜、橱柜、医用小平推车等
洗涤设备	干燥箱、超声波清洗器、洗瓶机、蒸馏水发生器、工作台、医用小平推车等
培养基配制设备	普通冰箱、低温冰箱、电子天平、托盘天平、工作台、药品柜、医用小平推车等
灭菌设备	高压灭菌锅、液体过滤灭菌装置、干热消毒柜、烘箱、微波炉、喷雾消毒器、工作台等
接种设备	超净工作台、普通解剖镜、接种器具杀菌器、配电盘、医用小平推车等
培养设备	空调机、加湿器、除湿机、人工气候箱或光照培养箱、摇床、转床、振荡器、光照时控器、照度仪、换气扇、配电盘等
观察与生化鉴定设备	普通显微镜、倒置显微镜、荧光显微镜、普通解剖镜、低温冰箱、培养箱、切片机、水浴锅、低温高速离心机、电子分析天平、细胞计数器、PCR 仪、酶联免疫检测仪、分子成像仪、液相色谱仪、电激仪、毛管电泳仪、图像拍摄处理设备、电脑、工作台等

表 4-3　组培室常用玻璃器皿与器械用品

类别	玻璃器皿与器械用品名称
贮藏用品	化学试剂瓶、化学药剂、各种玻璃器皿等
洗涤用品	晾干架、洗液缸、水槽、试管刷、周转箱
培养基配制用品	电炉、试管、培养瓶、试剂瓶、烧杯、培养皿、移液管、移液枪、移液管架、注射器、吸管、滴瓶、量筒、容量瓶、分液漏斗、不锈钢锅、磁力搅拌器、周转箱、玻璃棒、打火机或火柴、记号笔、计算器、标签纸、蒸馏水桶、尼龙绳、聚丙烯塑料封口膜、棉塞、牛皮纸、纱布等
接种与灭菌用品	酒精灯、喷壶、紫外光灯（40W）、钻孔器、接种工具架、不锈钢筛网、接种针和接种钩、手术剪（12cm、15cm、18cm）、解剖刀（4 号刀柄、21～23 号刀片）、手术镊［扁头镊子（20～25cm）、钝头镊子（20～25cm）、尖头镊子（16～25cm）、枪形镊子（20～25cm）等］、培养皿（ϕ6cm、ϕ9cm、ϕ12cm）、打火机或火柴、记号笔、标签纸、周转箱、无菌服、口罩、实验帽等
培养用品	培养瓶、光照培养架、荧光灯、LED 灯等
组织细胞观察与生化鉴定用具	载玻片、盖玻片、染色片、滴瓶、烧杯、试管、玻璃试剂瓶等

3. 实验室设计原则与要求

（1）设计原则。

①防止污染。控制污染，就等于组织培养成功了一半。

②按照工艺流程科学设计，经济、实用和高效。

③结构和布局合理，工作方便、节能、安全。

④规划设计与工作目的、规模及当地条件等相适应。

（2）总体要求。

①实验室选址要求避开污染源，水电供应充足，交通便利。

②保证实验室环境整洁。实验室洁净，可从根本上有效控制污染。这是组织培养成败的

最基本要求。否则会使植物组织培养遭受不同程度甚至是不可挽回的损失。因此，过道、设备防尘、外来空气的过滤装置等设计是必要的。

③实验室建造时，应采用产生灰尘最少的建筑材料；墙壁和天花板、地面的交界处宜做成弧形，便于日常清洁；管道要尽量暗装，安排好暗敷管道的走向，便于日常的维修，并能确保在维修时不造成污染；洗手池、下水道的位置要适宜，不得对培养带来污染，下水道开口位置应对实验室的洁净度影响最小，并有避免污染的措施；设置防止昆虫、鸟类、鼠类等动物进入的设施。

④接种室、培养室装修材料还必须经得起消毒、清洁和冲洗，并设置能确保与其洁净程度相应的控温控湿的设施。

⑤实验室电源应经专业部门设计、安装和验证合格之后，方可使用。应具备用电源，以防止停电或掉电时能确保继续操作。

⑥实验室必须满足实验准备（器皿的洗涤与存放、培养基制备和无菌操作用具的灭菌）、无菌操作和控制培养 3 项基本工作的需要。

⑦实验室各分室的大小、比例要合理。一般要求培养室与其他室（除驯化室外）的面积之比为 3∶2；培养时候的有效面积（即培养架所占面积，一般占培养室总面积的 2/3）与生产规模相适应。

⑧明确实验室的采光、控温方式，应与气候条件相适应。应采用人工光照和恒温控制，实验室为封闭式或半地下式。

（3）组培分室设计要求。组培室各分室由于功能不同，在设计时具体要求也存在明显差异。各分室的设计要求如下：

①准备室。在实验室主要进行一些常规试验操作，如各种药物的贮藏、称量、器皿洗涤、培养基配制、培养基和培养器皿的灭菌、培养材料的预处理等。在有条件的情况下，为方便管理还可以进行适当分区，如划分为药品贮藏室、洗涤室、培养基配制室及灭菌室等。

A. 药品贮藏室。根据工作条件决定其大小，一般在 $10m^2$ 左右。要求室内干燥、通风、避光，同时配备药品柜、橱柜等。

B. 洗涤室。根据工作量的大小决定其大小，一般 $10m^2$ 左右。要求房间宽敞明亮，方便多人同时工作；电源、自来水和水槽（池），上下水道通畅；地面耐湿、防滑、排水良好，便于清洁。

C. 培养基配制室。小型实验室面积一般为 $10\sim20m^2$。要求房间宽敞明亮、通风、干燥，便于多人同时操作；有电源、自来水和水槽（池），保证上下水道畅通。有时可将配制室内部间隔为称量室和配制室。规模较小时配制室可与洗涤室合并为准备室。

D. 灭菌室。专用的小灭菌室面积一般为 $5\sim10m^2$。要求安全、通风、明亮；墙壁和地面防潮、耐高温；配置水源、水槽（池）、电源或煤气加热装置和供排水设施；保证上下水道通畅，通风措施良好。生产规模较小时，可与洗涤室，配制室合并在一起，但灭菌锅的摆放位置要远离天平和冰箱，而且必须设置换气窗或换气扇，以利于通风换气。

准备室也可设计成大的通间，使试验操作的各个环节在同一房间内按程序完成，以便于程序化操作与管理，从而提高工作效率。此外还便于培养基配制、分装和灭菌的自动化操作程序设计，从而减少规模化生产的人工劳动，更便于无菌条件的空中和标准化操作体系的建立。

②缓冲间。面积不宜太大，一般2～3㎡。要求空间洁净，墙壁光滑平整，地面平坦无缝，并在缓冲间和接种室之间用玻璃隔离，配置平滑门，以便于观察、参观和减少开关门时空气扰动。空间安装1～2盏紫外光灯，用以接种前的照射灭菌；配备电源、自来水和小洗手池，备有鞋架和衣帽挂钩，分别用于接种前洗手、摆放拖鞋和悬挂已灭菌过的工作服。

③无菌操作室。无菌操作室也称为接种室，主要用于植物材料的消毒、接种、培养物的继代转接等无菌操作。由于植物组织培养时间较长，尤其需防止细菌、真菌污染。因此，接种室内无菌条件控制的好坏直接影像学培养物的污染率及接种工作效率等重要指标。接种室不宜设在易受潮的地方。其大小根据实验需要和环境控制的难易程度而定。在工作方便的前提下，宜小不宜大，消毒接种室面积5～7㎡即可。接种室要求密闭、干爽安静、清洁明亮；塑钢板或防菌漆天花板、塑钢板或白瓷砖墙面光滑平整，不易积染灰尘；水磨石地面或水泥地面平坦无缝，便于清洗和灭菌。配备电源和平滑门窗，要求门窗密封性好；在适当的位置吊装紫外光灯，保持环境无菌或低密度有菌状态；安置空调机，实现人工控温，这样可以紧闭门窗，减少与外界空气对流。接种室与培养室通过传递窗相通。最好进出接种室的人流、物流分开。

④培养室。培养室的设计应从以下几方面考虑：

A. 培养室的大小可根据生产规模和培养架的大小、数目及其他附属设备而定。每个培养室不宜过大，面积10～20㎡即可，以便于对条件的均匀控制。其设计充分利用空间和节省能源为原则，最好设计在向阳面或再建筑的朝阳面设计双层玻璃墙，或加大窗户，以利于接受更多的自然光线，高度比培养架略高为宜。培养室外最好有缓冲间或走廊。

B. 能够控制光照和温度。通常根据培养过程是否需光，设计成光照培养室和暗格培养室；材料的预培养、热处理脱毒和细胞培养、原生质体培养等在光照培养箱或人工气候箱内进行。采用光照时控器控制光照时间。

采用空调器调控培养室内的温度。培养室面积较小时，采用窗式或柜式的冷暖型空调；培养室的面积较大时，最好采用中央空调，以保证培养间内各部位温度相对均衡。

C. 保持整洁，防止微生物感染。要求天花板、墙壁光滑平整、绝对防火，最好用塑钢板或瓷砖装修；地面用水磨石或瓷砖铺设，平坦无缝，方便室内消毒，并有利于反光，提高室内亮度。

D. 摆放培养架，以立体培养为主。培养架要求使用方便、节能、充分利用空间和安全可靠。一般设6层，高度2m，最下一层距地面0.2m，最上一层高1.7m，层间距为30cm，架宽0.6m，架长以40W日光灯管的长度来决定，每个培养架安装2～3盏日光灯，多个培养架共用1个日光时控制器。安装日光灯时最好选用电子整流器，以降低能耗。架材最好用带孔的新型角钢条，可使隔板上下随机移动。

E. 能够通风、降湿、散热。培养室的门窗密封要好，有条件的可用玻璃砖代替窗户，并安装排气扇通风排气。南方湿度高的地方可以考虑在培养室内安装除湿机。

F. 培养室外应该设有缓冲间或走廊。培养室内用电量大，在设置供电专线和配电设备，并且配电板置于培养室外，保证用电安全和方便控制。

此外，为适应液体培养的需要，在培养室内配备摇床和转床等设备，但要注意在大型摇床下面应有坚实的底座固定，以免摇床移位或因振动大而影响培养车间内的其他静止培养。

G. 观察室。观察室可大可小，但一般不宜过大，以能摆放仪器和操作方便为准。要求房间安静、通风、清洁、明亮、干燥，保证光学仪器不振动、不受潮、不污染、不受光直射。

工作一 组培场地的识别

一、参观目的

组织学生到就近的组培企业参观，分组调查组培岗位或者通过视频观看组培企业工作流程，了解企业中的组培岗位。

二、工作准备

选择符合要求的组培企业，准备记录本和相机。

三、任务实施

由教师或企业人员讲解组培生产流线的组成及相关功能，然后介绍企业的生产注意事项和安全条例等。

四、任务结果

写一份参观报告，总结企业规划设计特点。

工作二 组培场地的规划设计

一、设计目的

通过企业参观，了解各组成部分的主要功能后，在此基础上掌握组培设计原理和组培场地的设计。

二、工作准备

笔记本、笔、纸。

三、任务实施

（1）分组讨论设计思路和设计草图。
（2）分组利用课余时间设计个性化的组培室。

四、任务结果

（1）分组提交"组培室平面设计简图"，教师批阅。

（2）学生代表阐述设计思想，教师现场点评。

任务二 组培场地的管理

教学目标：

了解组培所需的各种仪器和设备；

掌握组培各种仪器和设备的使用方法；

任务提出：

组培需要哪些主要设备和仪器？

组培中各种玻璃器皿有哪些用途？如何洗涤？

任务分析：

第一，认识各种设备和仪器，了解其结构与功能；

第二，熟悉各种设备和仪器的使用方法及各种玻璃器皿的洗涤方法。

相关知识一 主要仪器设备

1. 常规设备

（1）天平。精确度达0.000 1g的天平（分析天平）用于称量微量元素、植物生长调节剂和一些较高精确度的试验药品。精确度达 0.01g 和 0.1g 的天平用于称量大量元素、琼脂、糖等用量较大的药品。天平应放置在平稳、干燥、不振动的天平操作台上，应尽量避免移动，天平罩内应放硅胶或其他中性干燥剂以保持干燥。

（2）冰箱。一般家用普通冰箱即可，主要用于培养基母液、植物生长调节剂原液和各种易变质分解化学药品的贮存，还可用于植物材料的低温保存以及低温处理等。

（3）酸度计。用于测定培养基及其他溶液的 pH，一般要求可测定 pH 范围 $1\sim14$，精度为 0.01。

（4）加热器。用于培养基的配制。研究性实验室一般选用带磁力搅拌功能的加热器，规模化生产用大功率加热器和电动搅拌系统。

（5）解剖镜。用于观察培养物的形态结构及茎尖剥离。可采用双筒实体解剖，通常放大 $40\sim80$ 倍。

（6）离心机。用于细胞、原生质体等活细胞分离，也用于培养细胞的细胞器、核酸以及蛋白质的分类提取。根据分离物质不同配置不同类型的离心机：细胞、原生质体等活细胞的分离用低速离心机；核酸、蛋白质的分离用高速冷冻离心机；规模化生产次生代谢产物，还需选择大型离心分系统。

2. 灭菌设备

（1）高压灭菌锅。用于耐热培养基、无菌水及各种器皿、用具的灭菌。有小型手提式、中型立式、大型卧式等不同规格，见图4-2。大型

图 4-2 高压灭菌锅

效率高，小型方便灵活，可按工作需要选用。

（2）干热消毒的普通柜（烘箱）。用于洗净后的玻璃器皿干燥，也可用于干热灭菌和测定干物重。一般选用200℃左右或远红外消毒柜。用于干燥需保持80～100℃；干热灭菌时160℃保持1～2h；若测定干物重，则温度应控制在80℃烘干至完全干燥为止。

（3）过滤灭菌器。一些生长调节物质、有机附加物，如IAA、GA$_3$、椰子汁等在高温条件下易被分解破坏而丧失活性，可用孔径为0.22 μm微孔滤膜来进行除菌。

3. 无菌操作设备

（1）超净工作台。永远培养材料的消毒、分离切割、转接等，是最常用的无菌操作设备，具有操作方便、舒适、无菌效果好、工作效率较高等优点，见图4-3。超净工作台有单人、双人及三人式，也有带开放式和密封式，由操作区、风机室、空气过滤器、照明设施等组成。工作时借风机的作用，将经过预过滤的空气送入静压箱，再经过高效过滤器除去空气中大于0.3μm的尘埃、细菌和真菌孢子等，以垂直或水平层流状送出，在操作区形成高洁净度、相对无菌的环境，有效地降低杂菌污染，提高接种的成功率。

（2）接种箱。接种箱是一个密闭较好的木质或玻璃箱，入口有袖罩，箱内安装紫外灯和日光灯。接种箱投资少，但操作活动受限制，工作效率低。

图4-3　超净工作台

（3）接种工具杀菌器。置于超净工作台内，用于接种工具灭菌。整机由不锈钢制成，有卧式和立式两种，内置发热元件和数显控温技术，使用效率高。也可用酒精灯代替接种工具杀菌器，见图4-4。

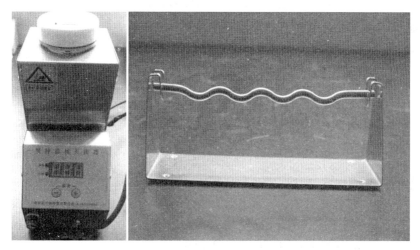

图4-4　接种工具杀菌器

4. 培养设备

（1）光照培养架。培养架既方便操作，又能充分利用培养室空间。培养架大多由铝合金材料制成，一般设5层，架高1.7m左右，最低1层离地面高约20cm各层间隔30cm左右，架宽一般为60cm，架长根据40W日光灯的灯管长度来决定，每层可安装2～3支灯管，固定在培养架的侧面或隔板的下面，距上层隔板 4～6cm，每支灯光距离为 20cm，光照度可达到 2 000～3 000lx，能满足大部分植物的光照需求，见图 4-5。

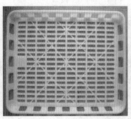

图 4-5　光照培养架、灯管、培养箱

（2）培养箱。对材料预培养、热处理脱毒或细胞培养、原生质体培养等需要特殊条件，可采用光照培养箱或人工气候箱；进行液体培养时，为改善通气状况，进行植物细胞可用振荡培养箱或摇床；进行植物细胞培养生产次生代谢产物需配备生物反应器。

（3）照度计。用于测量培养架灯光的光照度，见图 4-6。

图 4-6　照度计

相关知识二　小型设备及器皿

植物组织培养常用器皿主要用于材料培养的各种培养容器，贮存母液及配置培养基时需要的试剂瓶、烧杯、量筒、移液管、容量瓶等玻璃器皿。常用器械主要有接种所需的各种金属器具。

1. 常用器皿

（1）三角瓶。

规格：有 100mL、250mL、500mL 等，一般使用 100mL 三角瓶。

优点：培养面积大，利于组织生长，受光也比试管好。由于瓶口较小，亦不易污染。

（2）培养皿。

规格：常用 ϕ9cm、ϕ12cm，要求上、下能密切吻合。

适于：游离细胞、原生质体、花粉等的静置培养、看护培养、无菌种子的发芽、植物材料的分离等。

（3）试管。

规格：常用 18mm×180mm 或 20mm×200mm。

特点：可用于培养较高的试管苗，不易污染。但培养量较少。

（4）广口罐头瓶。

规格：200mL，加盖半透明的塑料盖。

特点：成本较低，操作方便，也减少了培养材料的损伤。但缺点是易引起污染。

（5）塑料器皿。

特点：具有质轻、透明、不易破碎、成本低等优点，如培养容器多为平底方盒形，可提高培养空间利用率。必须是采用聚丙烯材料制成，能耐高温。缺点透明度不好，不耐过火灼烧。

（6）瓶口封塞

要求：要具有一定的通气性和密闭性，以防止培养基干燥和杂菌污染。

①以前用棉塞。但这种封口办法在夏季极易污染，且不易保持培养基湿度。

②用聚丙烯塑料薄膜，以线绳结扎或橡皮圈箍扎。为了增加通气性，可在里面衬一层硫酸纸或牛皮纸。这样经济方便，且通气好。

③也可采用专用的封口膜。

培养容器要求透光性好，能耐高压高温，方便培养材料的取放。可选用无色、碱性溶解度小的硬质玻璃器皿。根据培养材料不同，可采用不同种类和规格的培养容器，主要有培养皿、试管、三角瓶及广口培养瓶。现在有采用高分子PC材料制成的各种溶剂和形状的植物组织培养专用培养瓶，在高压蒸汽灭菌条件下反复使用不破裂、不变形，不易破碎，使用寿命长，质量轻，透光率高于玻璃容器，并配有透气式瓶盖，操作方便，符合机械化洗瓶、装瓶要求，有利于组培苗工厂化生产，显著提高工作效率，见图4-7。

图4-7　PC材质培养容器

（7）其他器皿。

用处：配制培养基、贮藏母液、材料的消毒等。

种类：包括100mL、250mL、500mL、1 000 mL烧杯；10mL、100mL、1 000 mL量筒；100mL、1 000mL试剂瓶（棕色）等。

2. 金属器械用具

接种工具可选用医疗器械和微生物试验所用的不锈钢器具，主要有各种规模的镊子、剪刀、解剖刀、接种针等，见图4-8。

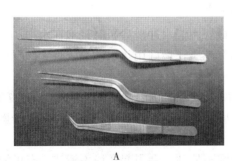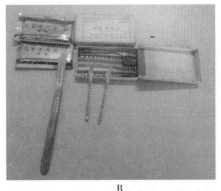

A　　　　　　　　　　　　　　　B

图4-8　接种工具

A. 镊子　B. 解剖刀

（1）镊子类。规格：可用20cm长的镊子。镊子过短，容易使手接触瓶口，造成污染。镊子太长，使用起来不灵活。特殊用处：如在分离茎尖幼叶时，则用钟表镊子。

（2）剪刀类。规格：用 15cm 长度。主要用于切断茎段、叶片等。

特殊用处：也可以用弯形剪刀。

（3）解剖刀。用处：切割较小材料和分离茎尖分生组织时。注意：刀片要经常调换，使之保持锋利状态。

（4）解剖针。用处：可深入到培养瓶中，转移细胞或愈伤组织。也可用于分离微茎尖的幼叶。

相关知识三　玻璃器皿的洗涤

植物组织培养需要大量的三角瓶、罐头瓶、果酱瓶等玻璃器皿。新购、用过或已污染的玻璃器皿清洗后才能使用或再利用。如果清洗不彻底，会给后期的培养基彻底灭菌带来压力，也可能在材料培养过程中发生污染，进而影响组织培养的进程，造成不必要的损失，导致培养失败。因此，玻璃器皿的洗涤是植物组织培养一项重要的、经常性的工作。

对新购或使用过但未污染的玻璃器皿采用酸洗法或碱洗法进行清洗，见图 4-9、图 4-10。培养器皿清洗需要注意以下几个问题：

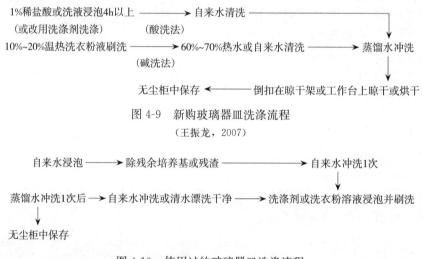

图 4-9　新购玻璃器皿洗涤流程

（王振龙，2007）

图 4-10　使用过的玻璃器皿洗涤流程

（王振龙，2007）

①使用过的玻璃器皿如果不能及时清洗，最好用清水冲洗后暂时浸泡在水中；

②如果用过的培养器皿在管壁或瓶壁上粘有琼脂，最好用热水洗涤或将它们置于高压灭菌锅中稍加热，这样容易清洗干净；

③采用洗液（将 40g 中铬酸钾加入 100mL 水中，加热溶化冷却后再加浓硫酸 800mL，边加边搅拌）时要十分小心，防止洗液溅到衣服和皮肤上，而且所用器皿一定要干燥；当多次使用的洗液颜色变绿时，需要重新配制。

被污染的玻璃器皿要及时清洗，否则长时间不处理，会引起环境不清洁，有可能引发大面积污染。污染较轻的培养器皿可用 0.1% $KMnO_4$ 溶液或 $70\%\sim75\%$ 酒精浸泡消毒后再清洗。污染较重的培养器皿经高压湿热灭菌后在用碱洗法清洗。如果玻璃器皿上粘有蛋白质或其他有机物时，要用酸洗法清洗。

玻璃器皿洗涤后要达到洗涤标准，即玻璃器皿透明锃亮，内外壁水膜均一，不挂水珠，无油污和有机物残留。

相关知识四 组培室的日常管理

组培室是进行材料离体培养的场所，要求保持整洁和无菌。要做到这点，除了严格按照无菌级别要求设计建造组培室之外，更重要的是加强组培室的日常管理从而为种苗组培快繁工作的顺利开展创造有利条件。

1. 注重员工培训

组培员工的素质高低直接决定了组培工作的效率与质量。各组培企业都非常重视员工培训。员工培训采用的主要方式有岗前培训、顶岗实训、以老带新、技能比赛、以考促训等；培训内容包括职业道德、无菌观念、团队精神、组培知识、操作规范、管理制度等。通过培训，培养员工具有无菌观念和良好的职业习惯、合作意识与团队精神，提高员工的技术与技能水平，为科学、有效管理组培室，保证组培生产的高效进行奠定基础。

2. 加强日常管理

组培企业的日常管理要突出重点，注重细节，明确责任，强调科学、实效。主要管理措施有：

（1）实行岗位责任制，明确岗位职责。

（2）建立组培室管理制度，加强员工的安全卫生教育，严格控制人员出入。

（3）药品、器械等分类存放，严格药品使用登记制度。

（4）设施设备维护与保养专人负责，安全使用，定期检修，发现安全隐患及时排除。

（5）上下工序交接记录填写认真、规范。

（6）定期进行空间消毒灭菌，培养室分区、分类摆放瓶苗，标识清晰，污染的瓶苗及时清除。

（7）要求员工注意个人卫生，规范操作，监督互查，相互配合，协同一致，诚实守信。

实训操作

工作一 组培仪器和设备的识别与使用

一、工作目的

通过实训，掌握植物组织培养主要设备和常用仪器的使用方法。

二、工作准备

天平、蒸馏水器、超净工作台、空调机、高压灭菌锅、普通冰箱、接种灭菌器、电磁炉、接种剪、镊子等。笔和报告纸。

三、任务实施

1. 操作 教师先对各种仪器、设备进行操作演示，然后学生进行操作实践，教师在旁指导。

（1）电子分析天平。操作流程：

①检查电源。

②调节天平使气泡在圆圈的最中间。

③清洁，用刷子把天平内部可能残留的垃圾清除。

④开启电源，预热 30min，调零。

⑤将称量纸对角线折两次，使其成蝶形，放入天平上，调零。

⑥打开右边天平门，用干净的药勺取适量药品。将药品轻轻抖入称量纸上，药品放在称量纸中间，不要洒落四周。

⑦待确定药品后关上天平门，看其是否准确，要求读数精确到准确数后 1 位为 0 即可。

⑧多余药品放回药品内，擦拭干净药勺放回原位，药品放回原处。

⑨打开侧门小心取出带药品的称量纸，倒入烧杯中轻弹称量纸让药品落入烧杯中，并将称量纸半放在烧杯内。

⑩将桌面整理干净关闭天平电源，用刷子再次清理天平内部。

称取方法：用一条干净的纸条拿取被称物放入天平的称量盘，然后去掉纸条，在砝码盘上加砝码。此时，砝码所标示的质量就等于被称物的质量。

注意事项：

①天平为精密仪器，最好置于空气干燥、凉爽的房间内，严禁靠近磁性物体。

②天平使用时双手、样品、容器、称量纸一定要洁净干燥，切勿将药品直接放入天平上。

③天平必须进入预热状态方可断电。

（2）超净工作台。操作规程：

①使用工作台时，应提前 30min 开机，启动风机同时开启紫外杀菌灯，杀灭操作区内表面沉积的微生物，30min 后关闭杀菌灯。

②对新安装的或长期未使用的工作台，使用前必须对工作台和周围环境先用超静真空吸尘器或用不产生纤维的工具进行清洁工作，再采用药物灭菌法或紫外线灭菌法进行灭菌处理。

③操作区内不允许堆放不必要的物品，以保持工作区的洁净气流流型不受干扰。

④操作区内尽量避免作用明显扰乱气流流型的动作。

⑤操作区的使用温度不可以超过 60℃。

维护规程：

①根据环境的洁净程度，可定期（一般 2～3 个月）将粗滤布（涤纶无纺布）拆下清洗或给予更换。

②定期（一般为一周）对室内环境进行除尘灭菌，同时经常用纱布沾酒精或丙酮等有机溶剂将紫外线杀菌灯表面擦干净，保持表面清洁，否则会影响杀菌效果。

③当加大风机电压已不能使风速达到 0.32m/s 时必须更换高效空气过滤器。

④更换过滤器时，可打开顶盖，更换时应注意过滤器上的箭头标志，箭头指向即为层流气流向。

⑤更换高效过滤器后，应用 Y09-4 型尘埃粒子计数器检查四周边框密封是否良好，调

节风机电压，使操作区平均风速保持在 0.32～0.48m/s 范围内，再用 Y09-4 型尘埃粒子计数器检查洁净度。

注意事项：

①新安装的或长期未使用的超净工作台，在使用前必须对超净工作台和周围环境进行清洁工作。

②工作台面上不要存放不必要的物品，以保持工作区内的洁净气流不受干扰。

③定期（一般为 2 个月）用热球式风速仪测量工作区风速，如发现不符合技术要求，则可调大风机的供电电压。

（3）高压灭菌锅。操作流程：

①检查仪器仪表（压力表为 0）。

②检查灭菌锅安全水位。若水位不足往外锅加水至安全水位。

③关闭上排气阀，在内锅中放入待灭菌物品，盖上锅盖，打开放气阀，对角拧紧锅盖螺帽后关闭放气阀。

④接通电源打开开关，设置灭菌温度和灭菌时间分别为 121℃、20min。待压力上升至 0.05MPa 时缓慢打开上排气阀，将冷空气排尽为 0 时，关闭排气阀。

⑤继续加热，待温度上升至 121℃、0.1MPa 时维持 20min 后关闭电源，打开上排气阀，待压力表为 0 后，打开放气阀，依次打开锅盖，取出物品水平放置。

注意事项：

①装锅时严禁堵塞安全阀的出气孔，锅内必须留出空位，以保证水蒸气畅通。

②液体体积不超过容器体积的 3/4，切勿使用未打孔的橡胶或软木瓶塞。

③灭菌结束后，不可久不放气，这样会引起培养基成分的变化，以致培养基无法凝固。

④平时应保持设备清洁和干燥，橡胶密封垫使用日久会老化，应定期更换。

⑤安全阀应定期检查其可靠性，当工作压力超过 0.165MPa 时需要更换合格的安全阀。

（4）接种消毒器。以 JZ-100-B 接种器具消毒器为例，该产品采用了最新的内置发热元件和数显温控技术，整机用不锈钢制成，具有质量轻、体积小、杀菌快、保温好、安全、节能、清洁等特点。特别适用于植物组织培养接种和其他领域的小型刀、剪、镊、针进行重复操作的消毒杀菌。克服了传统酒精灯消毒杀菌的空气污染和火灾隐患，生产效率大大提高。

操作流程：

①开启瓶盖，将石英玻璃珠倒入杀菌器内。

②将电源插头插入 220V 的三线接地插座。

③闭合电源开关，绿灯亮。杀菌器开始升温。当温度显示到 280℃ 以上时（出厂时温度已设置到 280℃），将你所需要杀菌的刀、剪、镊、针插入石英珠内 15s，便可完成杀菌过程。

注意事项：

①当你重复操作的过程大于 15s 时，可将温度适当降低（重新设置）。

②当你在移动或检修时应将瓶盖盖上或将石英珠倒出，以免外流。

③随机附有石英珠及熔断丝，如遇电压大幅波动或其他原因造成停机时，请你将备用的熔断丝换上即可恢复工作。

④绿灯亮示意正在加热，红灯亮示意保温。

（5）接种剪。选用不锈钢医用剪刀，多用于植物材料的切断。

（6）镊子。多用于接种和转接植物材料，根据需要可选用不同类型的镊子，继代转接一般用枪形镊子。

（7）蒸馏水器。操作流程：

①拧开自来水龙头，让水流开始较为细小，观察第一管水位超过石英加热管。

②接通电源，按下第一管的 ON 开关，这时水速仍以细小为主，待第一管内自来水沸腾，这时候将水流逐渐调大至适中程度。

③待第二管内自来水超过石英加热管，按下第二管的 ON 开关，第二管随即加热，注意观察两个管子的水位变化，及时做出调整。

④一般来说有下面 3 种情况：

第一管水位过高，接近水蒸气散出口，这时宜将调整水位的橡胶管放置低于玻璃管位置，待自来水流出至适当位置，将橡胶管回复原位；

第一管水位过低，调整自来水龙头加大进水，或者调节橡胶管上控制开关加大进水，乃至关闭电源待进水到适当位置，重新打开电源，继续蒸馏；

第二管水位过低，按下第二管的 OFF 开关，待水位升高超过石英加热管时再开始蒸馏。

⑤双蒸结束，先关闭控制面板上 OFF 两个电源，然后关自来水龙头。

2. 讨论

（1）结合操作发现问题，可先进行小组讨论，然后教师答疑。

（2）形成实验报告。

四、任务考核

（1）高压灭菌锅的使用。

（2）电子天平使用。

工作二 玻璃器皿洗涤

一、工作目的

通过实训，认识各种玻璃器皿，了解其在生产中的应用，并掌握洗液的配制和各类器皿的洗涤方法。

二、工作准备

洗衣粉、工业浓硫酸、重铬酸钾、蒸馏水、1%盐酸、70%酒精、各种玻璃器皿、周转箱、瓶刷、洗涤剂等。

三、任务实施

1. 操作

教师演示操作，指出关键技能点和注意事项，然后指导学生组交替练习操作（常用药剂的配制和玻璃器皿洗涤），教师在旁指导。

（1）玻璃器皿。

①培养器皿。试管、三角烧瓶（锥形瓶）、圆形高形培养瓶（罐头瓶）、培养皿、扁身培养瓶、L型和T型管、凹面载玻片。

②盛装器皿。试剂瓶、烧杯。

③计量器皿。量筒、容量瓶、吸管、可调移液器。

④其他器皿。滴瓶、称量瓶、漏斗、玻璃管、注射器等实验室常用器皿。

（2）金属器械。

①镊子类。20～25cm长型镊子（接种或转移愈伤组织）、尖端弯曲枪型镊子（镊取较小的植物组织）、尖头钟表镊子和鸭嘴镊子（剥离表皮用）、尖端为小铲状镊子（挖取带琼脂粉培养基的培养物）。

②解剖刀和刀类。眼科用刀、种牛痘疫苗的菱形刀（切割柔软组织中小细胞团）、解剖刀（手术刀）、双面刀片焊接在铜棒上（切取茎尖用）、锋利小刀、大刀和小铁锹。

③剪刀类。解剖剪、18～25cm弯头剪、修枝剪、接种针。

（3）常用药剂的配制。

①酒精稀释。酒精稀释的原理是稀释前后纯酒精量相等。即原酒精浓度×取用体积＝稀释后浓度×稀释后体积。

比如原酒精浓度为95％，欲配成70％酒精配制方法为：取95％酒精70mL，加蒸馏水至95mL，摇匀，即为70％的酒精。这里原酒精浓度为95％，取用体积为70mL，稀释后浓度为X，稀释后体积为95mL，代入上述公式，95％×70＝X×95，计算可得X＝70％。

②消毒剂。20％次氯酸钠溶液：称取20g次氯酸钠用少许水溶解，100mL水定容。0.1％升汞（$HgCl_2$）溶液：称取0.1g $HgCl_2$少许水溶解，100mL水定容。

③洗涤剂。4％硫酸-重铬酸钾洗液：称取25g重铬酸钾加入蒸馏水500mL，加热溶解冷却后，逐渐加入浓硫酸90mL，放入棕色玻璃瓶备用，（注意：切记不可将盛过酒精、甲醛等原剂的药品玻璃器皿直接泡入洗液，因为重铬酸钾是一种强的氧化剂，一旦被还原氧化，洗液变绿，失去洗涤作用）。这些器皿必须用自来水冲洗干净并晾干再浸入洗液。使用时必须带上橡胶手套，并用试管夹夹取物件，不得用手直接接触。

④1mol/L氢氧化钠（NaOH摩尔质量＝分子克数＝40）。称40g NaOH加入蒸馏水1 000mL，即为1mol/L的NaOH。

⑤1mol/L盐酸（HCl）。具体配制盐酸的浓度时，应考虑原浓盐酸的比重浓度。如配制1mol/L HCl 100mL，比重为1.19，质量百分比38％。

$$V=\frac{要求配制的浓度×需配制的体积×盐酸分子质量}{原酸的百分浓度×原酸的比重×1\,000}=\frac{1×100×37.5}{38\%×1.19×1\,000}=8.25(mL)$$

量取8.25mLHCl加蒸馏水，定容至100mL，即为1mol/L的HCl。

2. 讨论

结合操作发现问题，可先进行小组讨论，然后教师答疑。

3. 形成实验报告

4. 独立操作考核

四、任务考核

（1）1mol/L盐酸（HCl）的配制。

（2）1mol/L 氢氧化钠（或氢氧化钾）的配制。

（3）原酒精浓度为 95％，欲配成 70％酒精配制。

任务三　培养基配制

教学目标：

掌握常用培养基的配制方法，能正确配制 MS 培养基母液；了解常用培养基配方及成分；掌握 MS 培养基的制作与分装技术；掌握培养基的消毒灭菌与保存方法。

任务提出：

要求学生能正确溶解各种药品，并配制成母液，妥当保存；熟练操作 MS 培养基的配制、分装和消毒灭菌。

任务分析：

第一，首先了解常用培养基的配方、功能及作用；

第二，进行常用培养基母液的配制；

第三，根据不同的植物和培养目的配制不同的培养基及选择不同的激素水平。

相关知识一　培养基成分

培养基的成分主要包括水、无机营养、有机成分、植物生长调节剂以及琼脂、活性炭、抗生物质、抗氧化物等。

1. 水

水是植物体的主要组成成分，也是一切代谢过程的介质和溶媒。

配制培养基母液要用蒸馏水。配制培养基可用自来水。但在少量研究上尽量用蒸馏水。

2. 无机营养

无机营养成分是指植物生长发育时所需要的各种矿质元素。根据国际植物生理学会的建议，将植物所需浓度大于 0.5mmol/L 的矿质元素称为大量元素，将植物所需浓度小于 0.5mmol/L 的矿质元素称为微量元素。

（1）大量元素。大量元素主要有氮、磷、钾、钙、镁、硫等。其中，氮是植物矿质营养中最重要的元素，分为硝态氮和铵态氮，这两种状态的氮是植物组织培养所需要的。在单独使用硝态氮时，培养一定时间后培养基的 pH 会向碱性方向转变，若在硝酸盐中加入少量铵盐会阻止这种转变。缺磷时，植物细胞的生长和分裂速度均会降低。钾、钙、镁等元素能影响植物细胞代谢中酶的活性。

①氮。是蛋白质、酶、叶绿素、维生素、核酸、磷脂、生物碱等的组成成分，是生命结构和功能物质不可缺少的。

供应形式有 NO_3-N 又含 NH_4-N，NH_4-N 对植物生长较为有利。在制备培养基时以这两种形式供应。供应的物质有 KNO_3、NH_4NO_3 等。有时，也添加氨基酸。

②磷。是磷脂的主要成分，而磷脂又是细胞膜、细胞核的重要组成部分。磷也是核酸、ATP、辅酶等的组成成分。组织培养中，磷不仅增加养分、提供能量，而且也促进对 N 的吸收，增加蛋白质在植物体中的积累。

常用的物质有 KH_2PO_4 或 NaH_2PO_4 等。

③钾。钾对糖类合成、转移以及氮素代谢等有密切关系，它具有活化酶的作用。钾增加时，蛋白质合成增加，维管束、纤维组织发达，对胚的分化有促进作用。但浓度不易过大，一般以 1～3mg/L 为好。

制备培养基时，常以 KCl、KNO_3 等盐类提供。

④镁、硫和钙。镁是叶绿素的组成成分，又是激酶的活化剂；硫是含硫氨基酸所构成蛋白质的组成成分。钙是构成细胞壁的一种成分，钙对细胞分裂、保护质膜不受破坏有显著作用，

供应形式主要以 $MgSO_4 \cdot 7H_2O$ 和 $CaCl_2 \cdot 2H_2O$ 提供。

（2）微量元素。微量元素主要有铁、锰、铜、钼、锌、钴、硼等。虽然用量少，但是对植物细胞的生命活动却起着十分重要的作用。其中，铁是用量较多的一种微量元素，对叶绿素的合成和延长生长等发挥重要作用。铁元素不易被植物直接吸收，并容易沉淀失效。因此，通常在培养基中加入 $FeSO_4 \cdot 7H_2O$ 与 Na_2-EDTA（螯合剂）配成的螯合态铁，可以减轻沉淀，提高利用率。

铁是一些氧化酶、细胞色素氧化酶、过氧化氢酶等的组成成分。同时，它又是叶绿素形成的必要条件。培养基中的铁对胚的形成、芽的分化和幼苗转绿有促进作用。硼、锰、锌、铜、钼、钴等，也是植物组织培养中不可缺少的元素，缺少这些物质会导致生长发育异常。如缺氮，会表现出一种花色素苷的颜色，不能形成导管；缺铁，细胞停止分裂；缺硫，表现出非常明显的褪绿；缺锰或钼，则影响细胞的伸长。

因其在 pH 5.2 以上易形成 $Fe(OH)_3$ 的不溶性沉淀，故用 $FeSO_4 \cdot 7H_2O$ 和 Na_2-EDTA 结合成螯合物使用。

3. 有机成分

（1）糖类。糖类提供外植体生长发育所需的碳源、能量，维持培养基一定的渗透压。

最常用蔗糖，葡萄糖和果糖也较好，麦芽糖、半乳糖、甘露糖和乳糖也有应用。

使用浓度为 2%～3%，常用 3%，即配制 1L 培养基称取 30g 蔗糖，有时可用 2.5%，但在胚培养时采用 4%～15% 的高浓度，因蔗糖对胚状体的发育起重要作用。

不同糖类对生长的影响不同。以葡萄糖效果最好，果糖和蔗糖相当，麦芽糖差一些。不同植物不同组织的糖类需要量也不同。

在大规模生产时，可用食用的绵白糖代替。

（2）维生素类。植物离体培养时不能合成足够的维生素，需要加一种至数种维生素，才能维持正常生长。

主要有维生素 B_1（盐酸硫胺素）、维生素 B_6（盐酸吡哆醇）、维生素 PP（烟酸）、维生素 C（抗坏血酸），有时还使用生物素、叶酸、维生素 B_2 等。一般用量为 0.1～1.0mg/L。有时用量较高。

维生素以各种辅酶的形式参与多种代谢活动，促进生长、分化作用。维生素 B_1 对愈伤组织的产生和生活力有重要作用，维生素 B_6 能促进根的生长，维生素 PP 与植物代谢和胚的发育有一定关系。维生素 C 有防止组织变褐的作用。

（3）肌醇。肌醇参与构建细胞壁。由磷酸葡萄糖转化而来，进一步生成果胶物质。肌醇与 6 分子磷酸残基相结合形成植酸，植酸与钙、镁等阳离子结合成植酸钙镁，植酸可进一步形成磷脂，参与细胞膜的构建。

肌醇能促进愈伤组织的生长以及胚状体和芽的形成，促进组织和细胞的繁殖、分化。一般使用浓度为 100mg/L。

（4）氨基酸。氨基酸是良好的有机氮源，可直接被细胞吸收利用。

常用种类有甘氨酸，其他如精氨酸、谷氨酸、谷酰胺、天冬氨酸、天冬酰胺、丙氨酸等。

用水解乳蛋白或水解酪蛋白，是牛乳用酶法等加工的水解产物，含有约 20 种氨基酸的混合物，使用注意用量在 10～1 000mg/L，否则极易引起污染。

（5）天然有机化合物。常用的天然有机复合物有椰乳、番茄汁、马铃薯提取物、酵母提取物等。由于这些复合物营养非常丰富，所以培养基配制和接种时一定要十分小心，以免引起污染。它对细胞和组织的增殖与分化有明显的促进作用，但对器官的分化作用不明显。

①椰乳。椰乳的液体胚乳，它是使用最多、效果最大的一种天然复合物。一般使用浓度在 10%～20%。

椰乳在愈伤组织和细胞培养中有促进作用。在马铃薯茎尖分生组织和草莓微茎尖培养中起明显的促进作用，但茎尖组织的大小若超过 1mm 时，椰乳就不发生作用。

②其他。香蕉、马铃薯、水解酪蛋白、酵母提取液（YE）（0.01%～0.05%）。

4. 植物生长调节剂

植物激素是培养基内添加的关键性物质，对植物组织培养起着决定性的作用。

（1）生长素类。常用的生长素有 IAA、IBA、NAA、2，4-D，其活性强弱为 2，4-D＞NAA＞IBA＞IAA。

生长素能诱导愈伤组织形成，诱导根的分化，促进细胞分裂、伸长生长。在促进生长方面，根对生长素最敏感。

天然的生长素热稳定性差，高温高压或受光条件易被破坏。在体内易受酶解。故常用人工生长素类物质。

除了 IAA 不耐热和光，易受到植物体内酶的分解外，其他生长素激素对热和光均稳定。生长素类溶于酒精、丙酮等有机溶剂。在配制母液时多用 95%酒精或稀 NaOH 溶液助溶。一般溶度为 0.1～1.0 mg/mL。

①IAA（吲哚乙酸）。天然存在的生长素，亦可人工合成。IAA 是活力最弱的激素，对器官形成的副作用小，高温高压易被破坏，也易被细胞中的 IAA 分解酶和光照降解。

②NAA（萘乙酸）。人工合成。在组织培养中的起动能力要比 IAA 高出 3～4 倍，耐高温高压，不易被分解破坏，所以应用较普遍。NAA 和 IBA 广泛用于生根，并与细胞分裂素互作促进芽的增殖和生长。

③IBA（吲哚丁酸）。人工合成，促进发根能力最强。

④2，4-D（2，4-二氯苯氧乙酸）。起动能力比 IAA 高 10 倍，特别在促进愈伤组织的形成上活力最高，但它强烈抑制芽的形成，影响器官的发育。适宜的用量范围较狭窄，过量常有毒效应。生长调节物质的使用甚微，一般生长素浓度的使用为 0.05～5mg/L。

（2）细胞分裂素。细胞分裂素是一类腺嘌呤的衍生物。包括 6-BA（6-苄基氨基嘌呤）、Kt（激动素）、ZT（玉米素）等。其中，ZT 活性最强，但非常昂贵，常用的是 6-BA。

细胞分裂素能诱导芽的分化，促进侧芽萌发生长，促进细胞分裂与扩大，抑制根的分化。因此，多用于诱导不定芽的分化、茎、苗的增殖，避免在生根时应用。

细胞分类素对光、稀酸、热均稳定，但其溶液常温保存时间延长会逐渐丧失活性。细胞分裂素溶解于稀酸和稀碱中，在配制时常用稀盐酸助溶。通常配制成 1mg/mL 的母液，贮藏在低温环境中。细胞分裂素 0.05～10mg/L。

（3）GA（赤霉素）。GA 有 20 多种，培养基中常添加是 GA_3 生理活性及作用的种类、部位、效应等各有不同。

添加赤霉素可促进器官或胚状体的生长，促进幼苗茎的伸长生长；还可用于打破休眠，促进种子、块茎、鳞茎等提前萌发。

赤霉素不溶于水，可用少量 95％酒精助溶。赤霉素不耐热，高压灭菌后将有 70％～100％失效，应当采用过滤灭菌法加入。

5. 其他物质

（1）琼脂。琼脂是一种由海藻中提取的高分子糖类。市售的琼脂有琼脂条和琼脂粉两种类型，前者便宜，杂质较多，凝固力差，煮化时间长，用量多；后者纯度高，凝固力强，煮化时间短，价格高。现目前普遍使用琼脂粉。

琼脂只是固化剂，本身并不提供任何营养。

琼脂能溶解在 90℃以上的热水中，成为溶胶，冷却至 40℃即凝固为固体状凝胶。

琼脂用量在 6～10g/L，若浓度太高，培养基就会变得很硬，营养物质难以扩散到培养的组织中去。若浓度过低，凝固性不好。

一般琼脂以颜色浅、透明度好、洁净的为上品。

琼脂的凝固能力除与原料、厂家的加工方式有关外，还与高压灭菌时的温度、时间、pH 等因素有关，长时间的高温会使凝固能力下降，过酸过碱加之高温会使琼脂发生水解，丧失凝固能力。时间过久，琼脂变褐，也会逐渐丧失凝固能力。

固体培养基优缺点：操作简便，通气问题易于解决，便于观察研究等，但培养物与培养基的接触面小，各种养分扩散较慢。

（2）活性炭。加入培养基中主要是利用吸附性，减少一些有害物质的不利影响，减轻组织的褐化，在兰花组培中作用效果明显。

活性炭为木炭粉碎经加工形成的粉末结构，它结构疏松，孔隙大，吸水力强，有很强的吸附作用。

通常使用浓度为 0.5～10g/L。

（3）抗生物质。抗生物质有青霉素、链霉素、庆大霉素等，用量在 5～20mg/L。可防止菌类污染。

（4）抗氧化物。半胱氨酸及维生素 C，常用 50～200mg/L 的浓度，其他抗氧化剂有二硫苏糖醇、谷胱甘肽、硫乙醇及二乙基二硫氨基甲酸酯等。

相关知识二　培养基的选择

1. 培养基的种类

根据态相不同，培养基分为固体培养基和液体培养基。其区别在于培养基中是否添加了凝固剂。根据培养阶段不同，可分为初代培养基、继代培养基和生根培养基。根据培养进程和培养基作用的不同，分为诱导培养基、增殖培养基及壮苗生根培养基。根据营养水平不同，分为基本培养基和完全培养基。基本培养基就是 MS、White 培养基。完全培养基由基本培养基添加适宜的激素和有机附加物组成。常用几种培养基配方见表4-4。

表 4-4　几种常用培养基配方（mg/L）

化合物	MS 1962	White 1943	N$_6$ 1974	B$_5$ 1968	Nitsh 1972	Miller 1967	SH 1972
NH$_4$NO$_3$	1 650				720	1 000	
KNO$_3$	1 900	80	2 830	2 500	950	1 000	2 500
(NH$_4$)$_2$SO$_4$			463	134			
KCl		65				65	
CaCl$_2$·2H$_2$O	440		166	150	166		200
Ca(NO$_3$)$_2$·4H$_2$O		300				347	
MgSO$_4$·7H$_2$O	370	720	185	250	185	35	400
Na$_2$SO$_4$		200					
KH$_2$PO$_4$	170		400		68	300	
NH$_4$H$_2$PO$_4$							300
FeSO$_4$·7H$_2$O	27.8		27.8	27.8	27.85		20
Na$_2$-EDTA	37.3		37.3	37.3	37.75		15
Na-Fe-EDTA						32	
Fe(SO$_4$)$_3$		2.5					
MnSO$_4$·4H$_2$O	22.3	7	4.4	10	25	4.4	10
ZnSO$_4$·7H$_2$O	8.6	3	1.5	2	10	1.5	1.0
CoCl$_2$·6H$_2$O	0.025			0.025	0.025		0.1
CuSO$_4$·5H$_2$O	0.025	0.001		0.025			0.2
MoO$_3$		0.000 1			0.25		
Na$_2$MoO$_4$·2H$_2$O				0.25			
TiO$_2$						0.8	
KI	0.83		1.6	0.75	10	1.6	1.0
H$_3$BO$_3$	6.2	1.5	0.8	3			5.0
NaH$_2$PO$_4$·H$_2$O		16.5		150			
烟酸	0.5	0.3	0.5	1			5.0
盐酸吡哆醇（维生素 B$_6$）	0.5	0.1	0.5	1			5.0
盐酸硫胺素（维生素 B$_1$）	0.1	0.1	1	10			0.5
肌醇	100	100		100	100		100
甘氨酸	2	3	2				
pH	5.8	5.6	5.8	5.5	6.0	5.8	5.8

2. 培养基的特点

目前国际上流行的培养基有几十种，MS 培养基是常用的培养基。

（1）MS 培养基。1962 年 Murashige、Skoog 为培养烟草细胞而设计的。其特点是无机盐离子浓度较高，硝酸盐较高，为较稳定的平衡溶液，广泛地适用于植物的器官、花药、细胞和原生质体培养，效果良好。

（2）White 培养基。1943 年由 White 设计，1963 年做了改良，是一个无机盐类浓度较低的培养基。其使用也很广泛，特别适合于生根培养和幼根胚培养。

（3）N_6 培养基。1974 年由我国学者朱自清等为水稻等禾谷类作物花药培养而设计，特点是 KNO_3 和（NH_4）$_2SO_4$ 含量较高，不含钼。现已广泛应用于小麦、水稻及其他植物的花粉和花药培养。

（4）B_5 培养基。1968 年由 Gamborg 等为大豆组织培养而设计，主要特点是含有较低的铵盐、较高的硝酸盐和盐酸硫胺素。其在豆科植物中用得较多，也适用于木本植物。

（5）SH 培养基。1972 年由 Schenk 和 Hidenbrandt 设计，主要特点与 B_5 相似，不用（NH_4）$_2SO_4$，而改用 $NH_4H_2PO_4$，是无机盐浓度较高的培养基。在不少单子叶和双子叶植物上使用效果很好。

培养基是否适合所培养的植物材料，可以通过试验进行筛选，必要时还可根据需要对培养基的成分进行调整，以获得更好的培养效果。

3. 培养基的选择

选择合适的培养基是组培快繁成功的基础。选择合适的培养基主要从以下两方面考虑：一是基本培养基，二是各种激素的浓度及相对比例。MS 培养基适合于大多数双子叶植物，B_5 和 N_6 培养基适合与许多单子叶植物，特别是 N_6 培养基对禾本科植物小麦、水稻等很有效，White 培养基适合于根的培养。首先试用这些培养基进行初步实验，可以少走弯路，大大减少时间、人力和物力的消耗。当通过一系列初试之后，可再根据实际情况对其中的某些成分做小范围调整。在进行调整时，以下情况可供参考。一是当用一种化合物作为氮源时，硝酸盐的作用比铵盐好，但单独使用硝酸盐会使培养基的 pH 向碱性方向漂移，若同时加入硝酸盐和少量铵盐，会使这种漂移得到克服。二是当某些元素供应不足时，培养的植物会表现出一些症状，可根据症状加以调整，如氮不足时，培养的组织常表现出花色苷的颜色（红、紫红色），愈伤组织内部很难看到导管分子的分化；当氮、钾或磷不足时，细胞会明显过度生长，形成一些十分蓬松、甚至呈透明状的愈伤组织；铁、硫缺少时组织会失绿，细胞分裂停滞，愈伤组织出现褐色衰老症状；缺硼时细胞分裂趋势缓慢，过度伸长；缺少锰或钼时细胞生长受到影响。培养基外源激素的作用也会使培养物出现上述一些类似的情况，所以应仔细分析，不可轻易下结论。

在建立一个新的实验体系时，为了能研制出一种适合的培养基，最好先由一种已被广泛使用的基本培养基（如 MS 培养基或 B_5 培养基）开始。当通过一系列的实验，对这种培养基做了某些定性和定量的小变动之后，即有可能得到一种能满足实验需要的新培养基，选择最佳培养基。因此做好组培试验设计是很重要的，常用的试验方法主要有单因子试验、双因子试验、多因子试验 3 类方法。实际顺序是从多因子到单因子。

（1）单因子试验。指在整个试验中保证其他因子不变，只比较一个试验因子不同水平的试验，这是最基本、最简单的试验方法。

（2）双因子试验。指在整个试验中其他因子不变，只比较两个试验因子不同水平的试验，常用于选择生长素和细胞分裂素的浓度配比。双因子试验多采用拉丁方设计。见表 4-5。

表 4-5　双因子试验设计（mg/L）

NAA	BA				
	1.0	2.0	5.0	合计	平均
0.1					
0.5					
2.0					
合计					
平均					

　（3）多因子试验。指在同一试验中同时研究两种以上试验因子的试验。多因子试验设计由该试验所有试验因子的水平组合构成。此方法主要用于对培养基种类、激素种类及其浓度的筛选。多因子试验方案分为完全方案和不完全方案，实际中多采用不完全实施的正交试验设计。所谓正交试验是指利用正交表来安排与分析多因子试验的一种设计方法，目前也是用得最多、效率高的方法，例如，采用 4 因子 3 水平 9 次试验的 L_9（3^4）正交试验，可以一次选择培养基、生长素、细胞分裂素、赤霉素等众多因子及其水平，见表 4-6。然后查证正交表组合因子及其水平，见表 4-7。

表 4-6　L_9（3^4）正交试验设计（mg/L）

水平	因子			
	培养基	生长素（IBA）	细胞分裂素（BA）	赤霉素（GA）
1	MS	0.5	0.5	1.0
2	B_5	1.0	1.0	2.0
3	WPM	2.0	2.0	4.0

表 4-7　L_9（3^4）正交试验方案（mg/L）

编号	培养基	生长素（IBA）	细胞分裂素（BA）	赤霉素（GA）
1	MS	0.5	0.5	1.0
2	MS	1.0	1.0	2.0
3	MS	2.0	2.0	4.0
4	B_5	0.5	1.0	4.0
5	B_5	1.0	2.0	1.0
6	B_5	2.0	0.5	2.0
7	WPM	0.5	2.0	2.0
8	WPM	1.0	0.5	4.0
9	WPM	2.0	1.0	1.0

相关知识三　培养基母液的配制

　在组织培养工作中，配制培养基是日常工作。为简便起见，通常先配制一系列母液，即贮备液。所谓母液是欲配制液的浓缩液，这可保证各物质成分的准确性及配制时的快速移取，并便于低温保藏。一般配成比所需浓度高 10～100 倍的母液。母液配制时可分别配成大量元素、微量元素、铁盐、有机物和激素类等。这样操作比较方便，并且可以减少误差，提高精确度。

配制母液时要用蒸馏水或重蒸馏水。药品应选取等级较高的化学纯或分析纯。药品的称量及定容都要准确。各种药品先以少量水让其充分溶解，然后依次混合。一般配成大量元素、微量元素、铁盐、维生素等母液，其中维生素、氨基酸类可以分别配制，也可以混在一起。母液配好后放入冰箱内低温保存，用时再按比例稀释。

1. 基本培养基母液

配制方法常有两种，一是可以将培养基的每种成分配成单一化合物的母液，便于配制不同种类的基本培养基时使用；二是配成几种不同的混合溶液，这样在大量配制同一种培养基时更省时、省力。

若按混合溶液方法配制基本培养基母液时，要根据药剂的化学性质分组，应该将 Ca^{2+} 与 SO_4^{2-}、Ca^{2+} 与 PO_4^{3-} 放在不同的母液中，以免发生沉淀。铁盐也需要单独配制，一般采用 $FeSO_4 \cdot 7H_2O$ 与 Na_2-EDTA 通过加热形成稳定的螯合物形式，以避免 Fe^{2+}、Fe^{3+} 与其他化合物反应产生沉淀。以 MS 培养基母液配制为例，可采用五液式，配成大量元素、钙盐、铁盐、微量元素、有机成分等母液，见表 4-8。

表 4-8 MS 母液配制参考

母液名称	化学药品名	培养基配方用量（mg/L）	扩大倍数	扩大后称量（mg）	母液定容体积（mL）	1L 移取量（mL）
母液Ⅰ 大量元素	硝酸铵（NH_4NO_3）	1 650	50	82 500	1 000	20
	硝酸铵（KNO_3）	1 900		95 000		
	磷酸二氢钾（KH_2PO_4）	170		8 500		
	硫酸镁（$MgSO_4 \cdot 7H_2O$）	370		18 500		
母液Ⅱ 钙盐	氯化钙（$CaCl_2 \cdot 2H_2O$）	440	50	22 000	1 000	20
母液Ⅲ 铁盐	乙二胺四乙酸二钠（Na_2-EDTA）	37.3	100	3 730	1 000	10
	硫酸亚铁（$FeSO_4 \cdot 7H_2O$）	27.8		2 780		
母液Ⅳ 微量元素	碘化钾（KI）	0.83	100	83	1 000	10
	硼酸（H_3BO_3）	6.2		620		
	硫酸锰（$MnSO_4 \cdot 4H_2O$）	22.3		2 230		
	硫酸锌（$ZnSO_4 \cdot 7H_2O$）	8.6		860		
	钼酸钠（$Na_2MoO_4 \cdot 2H_2O$）	0.25		25		
	硫酸铜（$CuSO_4 \cdot 5H_2O$）	0.025		2.5		
	氯化钴（$CoCl \cdot 6H_2O$）	0.025		2.5		
母液Ⅴ 有机成分	肌醇	100	100	10 000	1 000	10
	烟酸	0.5		50		
	盐酸硫胺素（维生素 B_1）	0.1		10		
	盐酸吡哆素（维生素 B_6）	0.5		50		
	甘氨酸	2		200		

在配制母液时注意大量元素母液中 $CaCl_2 \cdot 2H_2O$ 需单独配制，否则易发生沉淀。其次铁盐母液要先将 Na_2-EDTA 和 $FeSO_4 \cdot 7H_2O$ 分别溶解，然后将 Na_2-EDTA 溶液缓慢倒入 $FeSO_4 \cdot 7H_2O$ 溶液中，并充分搅拌并加热 5～10min，使其充分螯合。

2. 植物生长调节剂母液

植物生长调节剂应分别配制成单一成分的母液。浓度一般配成 1mg/mL。用时根据需要取用。在国际刊物中普遍采用，但在国内刊物中大多采用质量浓度单位。注意激素母液配制时浓度不能过高，否则易产生结晶，影响试验精度。

另外，多数激素难溶于水，要先溶于可溶物质，然后才能加水定容。它们的配法如下：

①IAA、IBA、GA 先溶于少量的 95％的酒精中．再加水定容到一定浓度。

②NAA 可溶于热水或少量 95％的酒精中，再加水定容到一定浓度。

③2，4-D 可用少量 NaOH 溶解后，再加水定容到浓度。

④KT 和 BA 先溶于少量 1mol 的 HCl 中再加水定容。

⑤玉米素先溶于少量 95％的酒精中，再加热水到一定浓度。

⑥3MS 母液配制流程。计算→药品称量→溶解→定容→分装→贴标签→冰箱保存。

母液标注需注明母液名称、用量（mL/L）或浓度（mg/mL）、配制时间及配制人，然后置于 4℃冰箱中保存。母液保存过程中要定期检查，发现有沉淀出现或真菌产生应弃之无用，重新配制。

相关知识四　培养基的制备

1. 培养基的配制与分装

配制培养基前首先应根据培养材料、培养方式、培养阶段及试验处理确定培养基配方，然后根据培养材料的多少确定其配量。

固体培养基的配制步骤如下：

$$计算 \rightarrow \begin{cases} 称取蔗糖、琼脂 \rightarrow 在锅内加热溶解蔗糖和琼脂 \\ 移取各母液至量筒内 \rightarrow 将量筒内母液倒入锅内 \end{cases} \rightarrow 溶解后调 pH$$

清理←标识、记录←封口←分装

2. 培养基的消毒灭菌

配制好的培养基应尽快灭菌，至少应在 24h 内完成灭菌工作。灭菌不及时会造成杂菌大量繁殖。培养基常采取高压蒸汽灭菌方法，灭菌一般是在 0.105MPa 压力下，温度 121℃。灭菌时间应根据容器的体积确定，所需最少时间见表 4-9。灭菌时间不宜过长，也不能超过规定的压力范围，否则有机物质特别是维生素类物质就会在高温下分解，失去营养作用，也会使培养基变质、变色，甚至难以凝固。

表 4-9　培养基高压蒸汽灭菌所需的最少时间

容器体积（mL）	在 121℃灭菌所需最少时间（min）
20～50	15
75～150	20
250～500	25
1 000	30

一些植物生长调节剂及有机物，如 IAA、GA$_3$、ZT、CM 等，遇热容易分解，不能与培养基一起进行高温灭菌，而要使用细菌过滤器除去其中的杂菌。细菌过滤器与过滤膜（孔

径小于 $0.45\mu m$）使用之前要先进行高压灭菌。过滤后的溶液要立即加入培养基中。若为液体培养基，可在培养基冷却至 30℃ 时加入；若为固体培养基，必须在培养基凝固之前（50～60℃）加入，并轻微振荡，使溶液与其他成分混合均匀。

其灭菌操作步骤如下：

①检查仪器仪表（压力表为 0）。

②检查灭菌锅安全水位。若水位不足往外锅加水至安全水位。

③关闭上排气阀，在内锅内放入待灭菌物品，盖上锅盖，打开放气阀，对角拧紧锅盖螺帽后关闭放气阀。

④接通电源打开开关，设置灭菌温度和灭菌时间分别为 121℃、20min。待压力上升至 0.05MPa 时缓慢打开上排气阀，将冷空气排尽为 0 时，关闭排气阀。

⑤继续加热待温度上升至 121℃、0.1 MPa 时维持 20min 后关闭电源，打开上排气阀，待压力表为 0 后，打开放气阀，依次打开锅盖，取出物品水平放置。

3. 培养基的保存

灭菌后的培养材料不要马上使用，先置于培养室中观察 3d，若无污染现象，则可使用。否则会由于灭菌不彻底或封口材料破损等原因出现污染，造成培养基材料的损失。对暂时不用的培养基最好置于 10℃ 下保存，含有生长调节剂的培养基在 4～5℃ 低温下保存则更理想。含 IAA 或 GA_3 的培养基应在 1 周内完成，尽量避免光线的照射，其他普及存放时间最多不要超过 1 个月。

贮存室要保持无菌干燥，以免造成培养基的二次污染。

实训操作

工作一　培养基成分的认知

一、工作目的

熟记培养基的组成成分。

二、工作准备

培养基化学药品、各种激素、笔记本、笔等。

三、任务实施

1. 熟记 MS 培养基基本成分　见表 4-9。

2. 其他物质

琼脂粉的用量是 0.5%，蔗糖的用量是 3%。

3. 激素成分

生长素常用 2，4-D、萘乙酸（IAA）、吲哚乙酸（NAA）、吲哚丁酸（IBA）等，其生理作用主要是促进细胞生长，刺激生根，对愈伤组织的形成起关键作用。

细胞分裂常用激动素（KT）、6-苄氨基腺嘌呤（6-BA），它们经高温高压灭菌后性能仍稳定。细胞分裂素有促进细胞分裂和分化，延长组织衰老，增强蛋白质合成，抑制顶端优势，促进侧芽生长及显著改变其他激素作用的特点。

4. 分组学习　按小组学习各种培养基成分，并归纳其特点，熟记 MS 培养基成分及其含量

四、任务考核

写出 MS 培养基母液组成成分和含量。

工作二　培养基母液的配制

一、工作目的

掌握配制与保存培养基母液的基本技能。计算正确，称量准确，操作规范，无沉淀析出现象。

二、工作准备

1. 材料与试剂

MS 培养基所需化学药品、激素 NAA、蒸馏水、1mol/L HCl、1mol/L NaOH、95％酒精、抹布 1 块、称量纸 2 包、卷纸 1 包、标签纸 1 张、草稿纸 2 张、水芯笔 1 支、计算器 1 个、白色实验工作服 1 件/人等。

2. 仪器与用具

冰箱、电子天平（精确度 0.01g、0.001g、0.000 1g）、磁力搅拌器、电炉 1 只、容量瓶（1 000 mL、500mL、100mL）、烧杯（200mL）若干、试剂瓶（1 000 mL、500mL、100mL）、玻璃棒、胶头滴管、洗瓶 2 只等。

三、任务实施

为了减少工作量，减少多次称量所造成的误差，一般将常用药品配成比所需浓度高 10～100 倍的母液，现以 MS 培养基为例，预先配制 4 组不同母液，说明母液的配制方法。

1. 计算

根据下表所提供的条件，进行计算填充，最后完成 MS 母液配制，见表 4-10。

表 4-10　MS 母液配制计算结果

母液编号	种类	成分	规定量 (mg/L)	浓缩倍数	称取量 (mg)	母液体积 (ml)	1L 培养基吸取量（ml）
I	大量元素	KNO_3	1 900	50	47 500	500	20
		NH_4NO_3	1 650	50	41 250		
		$MgSO_4 \cdot 7H_2O$	370	50	9 250		
		KH_2PO_4	170	50	4 250		
	钙盐	$CaCl_2 \cdot 2H_2O$	440	50	11 000		

（续）

母液编号	母液种类	成分	规定量（mg/L）	浓缩倍数	称取量（mg）	母液体积（ml）	1L培养基吸取量（ml）
II	微量元素	$MnSO_4 \cdot 4H_2O$	22.3	100	2 230		
		$ZnSO_4 \cdot 7H_2O$	8.6	100	860		
		H_3BO_3	6.2	100	620		
		KI	0.83	100	83	1 000	
		$Na_2MoO_4 \cdot 7H_2O$	0.25	100	25		
		$CuSO_4 \cdot 5H_2O$	0.025	100	2.5		
		$CoCl_2 \cdot 6H_2O$	0.025	100	2.5		
	铁盐	$Na_2\text{-}EDTA$	37.3	50	932.5	500	
		$FeSO_4 \cdot 4H_2O$	27.8	50	695		
III	维生素	甘氨酸	2	50	50		
		盐酸吡哆醇	0.5	50	12.5		
		盐酸硫铵素	0.1	50	2.5	500	20
		烟酸	0.5	50	12.5		
		肌醇	100	50	2 500		
IV	激素	NAA	0.01 mg/mL	100	1	100	—

2. 配制母液流程

（1）大量元素母液。按照倍数值称取，分别将各种化合物称量后溶解，然后分别倒入 500mL 容量瓶中用蒸馏水定容至刻度，后置小口瓶中保存，贴上标签注明化合物名称（或编号）、浓度、配制日期和配制者姓名。$CaCl_2 \cdot 2H_2O$ 配制同上，置于另一小口瓶中。

（2）微量元素母液。按要求倍数值称取，分别将各种化合物称量，除铁盐（$FeSO_4 \cdot 7H_2O$ 和 $Na_2\text{-}EDTA$）作为一组单独配制外，其余化合物可分别加少量蒸馏水用玻璃棒搅拌混匀溶解，后于 1 000mL 的容量瓶内定容，最后置大口瓶中保存，贴上标签（标注内容同上）。

（3）铁盐母液要先将 $Na_2\text{-}EDTA$ 和 $FeSO_4 \cdot 7H_2O$ 分别溶解于 200mL 蒸馏水中，然后将 $Na_2\text{-}EDTA$ 溶液缓慢倒入 $FeSO_4 \cdot 7H_2O$ 溶液中，并充分搅拌并加热 $5 \sim 10min$，使其充分螯合。最后定容至 500mL 容量瓶中，置于棕色小口瓶中，贴上标签（标注内容同上）。

（4）维生素母液配制，按要求倍数值称取，分别称量后溶解，定容在 500mL 容量瓶中，置于小口瓶中保存，贴上标签（标注内容同上）。

（5）激素母液配制按照倍数值称取，用少量 1mol/L NaOH 溶解后加蒸馏水充分搅拌，后定容至 100mL。置于小口瓶中，贴上标签（标注内容同上）。

3. 注意事项

（1）用洗瓶冲洗称量纸使其药品充分落入烧杯中。

（2）加入适量蒸馏水，用玻璃棒搅拌，注意不要碰及杯壁尽量少发出声音。

（3）待溶解后，微微倾斜的玻璃棒引流至容量瓶内。注意玻璃棒顶端要靠内壁毛口以下部位，另一侧不要靠壁，以防引流时流出瓶外，烧杯中的药剂不能有一滴溅出。

（4）取出冲洗的玻璃棒及烧杯，不能有溅出，再次引流入容量瓶内须重复 3 次，后用洗瓶直接加水到容量瓶的 2/3 处时要轻轻摇动容量瓶使之充分混合，再继续加蒸馏水，离刻度线约 1cm 时改用滴定管。

（5）待凹液面与刻度线相切时，盖上瓶盖并旋转 180°，后颠倒让气泡位于底部靠上时摇匀，再转回来反复 3 次。注意托住瓶底的手心不要与瓶底接触，瓶口用手心托住。

（6）贴好标签，标签内容为：培养基名称、吸取量、配制人、日期。最后要清理桌面。

（7）配制母液时，所用蒸馏水或无离子水必须符合标准要求，化学药品必须是高纯度的（分析纯）。

4. 保存母液

母液最好在 2～4℃的冰箱中贮存，特别是有机类物质，贮存时间不宜过长，无机盐母液最好在 1 个月内用完，如发现有真菌和沉淀产生，就不能再使用。

5. 实训报告

（1）写出 MS 母液配制流程。

（2）反复练习，按小组配制 MS 母液，教师在旁指导。

四、任务考核

分组进行母液配制考核。

工作三　培养基配制

一、工作目的

掌握 MS 培养基配制的基本技能。计算正确，称量准确，操作规范，无沉淀析出现象。

二、工作准备

1. 材料与试剂

MS 培养基所需母液、NAA、蒸馏水、1mol/L HCl、1mol/L NaOH、95％酒精、琼脂粉 1 瓶、蔗糖 1 瓶、pH 试纸（5.0～7.0）1 包、抹布 1 块、称量纸 1 包、卷纸 1 包、标签纸 1 张、草稿纸 2 张、水芯笔 1 支、计算器 1 个、标签纸等。

2. 仪器与用具

冰箱、电子天平（精确度 0.01g、0.001g、0.000 1g）、磁力搅拌器、电磁炉 1 只、搪瓷杯（1 000mL）1 只、培养瓶若干、容量瓶（1 000mL）烧杯（200mL）若干、试剂瓶（1 000mL、100mL）、洗瓶 1 只、量筒（50mL）1 只、玻璃棒、胶头滴管、移液管（5mL）5 支、移液管（10mL）1 支等。

三、任务实施

配制 MS＋0.01mg/L NAA＋3％蔗糖＋0.5％琼脂，pH 为 5.8，1L。

1. 计算

根据表格所提供的条件计算，见表 4-11。

表 4-11　MS 培养基配制

母液	浓度（倍数）	配制体积（mL）	母液吸取量（mL）	称取量（g）
大量元素	50		20	—
钙盐母液	50		20	—
铁盐	50		20	—
微量元素	100		10	—
有机物	50	1 000	20	—
萘乙酸	0.01mg/mL		1	—
蔗糖	3%		—	30
琼脂粉	0.5%		—	5

备注：母液吸取量的计算

公式 1：$母液吸取量 = \dfrac{配制培养基的体积}{母液浓缩倍数}$

公式 2：$母液吸取量 = \dfrac{培养基中物质的含量（mg/L）× 培养基体积（mL）}{母液浓度（mg/L）}$

公式 3：$激素母液吸取量 = \dfrac{所需浓度}{母液浓度} × 培养基体积$

2. 配制 MS 培养基

（1）根据计算结果，分别用移液管量取母液至 500mL 量筒内，用量筒定容至 500mL。

（2）称取 30g 蔗糖倒入锅内，用 500ml 的蒸馏水加热溶解，后趁热加入 5g 琼脂粉，用玻棒搅拌直至完全溶解为止。后关闭电炉。

（3）将混合的母液倒入锅内与糖和琼脂混合均匀后冷却，测定培养基 pH 为 6.0，过酸用 1mol/L NaOH 和过碱用 1mol/L HCl 调整。

（4）分装。每培养瓶 50mL 左右（一般占培养瓶 1/3 左右）。

（5）标记与清理。标明培养基代号即可进行灭菌。

用具清理和洗涤：各种母液按原位置摆整齐，用过的量筒、移液管、烧杯、铝锅等用水洗涤干净，然后按次序放回原处。

（6）灭菌。灭菌步骤详见相关内容。

3. 注意事项

（1）操作前须检查仪器和材料。

（2）称量操作规范、熟练、准确，要稳。

（3）定容操作要规范、迅速；液面的凹液面与刻度线相切。

（4）分装时要趁热，速度要快要稳，培养基不能溅在瓶口或接近瓶口内壁。

（5）封口不能太紧，标签内容要清楚。

4. 实训报告

（1）写出 MS 培养基配制操作过程包括灭菌过程。

（2）反复操作，按小组配制培养基，教师在旁指导。

四、任务考核

分组进行考核培养基配制。

工作四　MS 培养基消毒灭菌

一、工作目的

掌握高压灭菌锅的使用，学会培养基消毒。

二、工作准备

高压消毒灭菌锅、周转箱、若干培养基。

三、任务实施

（1）培养基灭菌消毒步骤

①检查仪器仪表（压力表为 0）。

②检查灭菌锅安全水位。若水位不足往外锅加水至安全水位。

③关闭上排气阀，在内锅内放入待灭菌物品，盖上锅盖，打开放气阀，对角拧紧锅盖螺帽后关闭放气阀。

④接通电源打开开关，设置灭菌温度和灭菌时间分别为 121℃、20min。待压力上升至 0.05MPa 时缓慢打开上排气阀，将冷空气排尽为 0 时，关闭排气阀。

⑤继续加热待温度上升至 121℃、0.1MPa 时维持 20min 后关闭电源，打开上排气阀，待压力表为 0 后，打开放气阀，依次打开锅盖，取出物品水平放置。

（2）学生反复操作，教师在旁指导。

（3）完成实训报告。

四、任务考核

分组进行考核培养基消毒灭菌操作。

任务四　无菌操作

教学目标：

掌握基本的无菌操作技术；能够根据不同的外植体进行无菌接种，培养无菌意识；

任务提出：

能熟练进行培养基、器械、玻璃器皿、耐热用具、不耐热物质、空间的消毒灭菌；能熟练进行植物材料表面的消毒灭菌。

任务分析：

第一，要熟练进行培养基、器械、玻璃器皿、耐热用具、不耐热物质、空间的消毒灭菌。

第二，要认识无菌操作设备、技术以及相关注意事项。

第三，要熟练进行植物材料表面的消毒灭菌。

相关知识一 灭菌和消毒

植物组织培养过程中会有许多无菌操作问题，尤其是在接种、培养过程中必须在无菌的条件下进行。如何创造并保持无菌的环境，对组织培养的成功是至关重要的。在组培过程中要做到相对无菌。

灭菌是指杀灭或去除物体上所附微生物的方法，包括抵抗力极强的细菌芽孢。消毒是指杀死、消除或充分抑制物体上微生物的方法，经过消毒处理后许多细菌芽孢、真菌的厚垣孢子等可能仍存活。无菌是指没有活菌的意思。防止杂菌进入人体或其他物品的操作技术，称为无菌操作。

灭菌和消毒的方法有物理方法和化学方法两大类。

1. 物理方法

（1）热力灭菌。热力灭菌是指利用热能使蛋白质或核酸变性、破坏细胞膜以杀死微生物。热力灭菌又分为干热灭菌和湿热灭菌。

干热灭菌方法有焚烧（适用于废弃物品处理）、烧灼（适用于实验室的镊子、剪刀、接种环等金属器械、玻璃试管口和瓶口等）、烘烤（在烘箱内加热至 $160\sim170℃$，维持 2h 可杀灭包括芽孢在内的所有微生物，适用于耐高温的玻璃器皿、瓷器、玻璃注射器等）。

湿热灭菌，湿热中蛋白质吸收水分后更易凝固变性；水分子的穿透力比空气大，更易均匀传递热能；蒸汽有潜热存在，每 1g 由气态变成液态可释放出 2.21kJ 热能，可迅速提高物体的温度。常用的湿热灭菌法有：①巴氏消毒法。加热 $61.1\sim62.8℃$、30min，或 $72℃$、15s，可杀死乳制品的链球菌、沙门菌、布鲁菌等病原菌，但仍然保持其中不耐热成分不被破坏，用于乳制品等消毒。②煮沸法。细菌繁殖体需 5min 以上，芽孢需 2h 以上，常用于注射器的消毒。③间歇灭菌法。在 1.013×10^5Pa 下，利用反复多次的流通蒸汽加热，杀灭所有微生物，包括芽孢。其适用于不耐高热的含糖或牛奶的培养基。④高压蒸汽灭菌法，可杀灭包括芽孢在内的所有微生物，是灭菌效果最好、应用最广的灭菌方法。将需灭菌的物品放在高压蒸汽灭菌锅内，加压至 $0.105MPa$（$1.05kg/cm^2$），温度达到 $121.3℃$，维持 $15\sim30min$，其适用于培养基、无菌水、器械、玻璃容器及注射器等灭菌。

（2）射线消毒。常用的射线只要有紫外线，波长 $200\sim300nm$，以 $250\sim260nm$ 杀菌作用最强。紫外线可以 DNA 链上相邻的两个胸腺嘧啶结合而形成二聚体，阻碍 DNA 正常转录，导致微生物的变异或死亡。紫外线穿透力较弱，一般用于实验的空气消毒。紫外线可损伤皮肤和角膜，应注意防护。其他射线有红外线、超声波或微波等。

（3）过滤除菌。一般利用孔径 $0.22\mu m$ 微孔滤膜来进行除菌。

2. 化学方法

（1）药液浸泡。用以消毒的药品称为消毒剂。常用消毒剂有氯化汞、次氯酸钠、酒精、高锰酸钾、新洁尔灭、漂白粉液等。植物组织培养中常用 $0.1\%\sim0.2\%$ 氯化汞、2% 次氯酸钠、$70\%\sim75\%$ 酒精灯进行外植体消毒。

（2）药液喷雾。植物组织培养中常用 70% 酒精或 0.25% 新洁尔灭溶液对接种室、培养室空间及墙壁、超净工作台喷雾消毒。

（3）药剂熏蒸。可采用甲醛加高锰酸钾（按每 $1cm^3$ 空间用 $5\sim8mL$ 甲醛、5g 高锰酸钾）、冰醋酸加热、臭氧等对实验室空间进行熏蒸消毒。

3. 空气污染检验

（1）平板检验法。将固体培养基平板在已熏蒸消毒的空间内，打开培养皿放置 5min、10min 等不同时间，然后盖上培养皿，并以未打开的培养皿作为对照，一般须设 3 次重复。将供试培养基平板置于 30℃的温箱中培养，48h 后取出检查是否感染杂菌。若已感染，须观察菌落形态，并镜检确定杂菌种类。一般要求开盖 5min 的培养基平板上的菌落不超过 3 个。

（2）斜面检验法。将固体斜面培养基在已熏蒸消毒的空间内，拔掉试管棉，经过 30min 后再塞好棉塞，以未打开棉塞的试管作为对照，3 次重复。将供试斜面培养基置于 30℃的温箱中培养，48h 后取出检查是否感染杂菌。以开塞 30min 的斜面培养基不出现菌落为合格。

相关知识二　无菌体系的建立

1. 初代培养

初代培养是指在组培过程中，最初建立的外植体无菌培养阶段，即无菌接种完成后，外植体在适宜的光、温、气等条件下被诱导成无菌短枝（或称茎梢）、不定芽（丛生芽）、胚状体或原球茎的过程。因此也成为诱导培养。由于外植体来源复杂，又携带较多的杂菌，所以初代培养一般是比较困难的。

（1）外植体的选择。迄今为止，经组织培养成功的植物所用外植体几乎包括了植物体的各个部分，如根、茎（鳞茎、茎段）、叶（子叶、叶片）、花瓣、花药、胚珠、幼胚、块茎、茎尖、维管组织、髓部等。从理论上讲，植物细胞都具有全能性，若条件适宜都能再生完整植株，任何器官、组织都可作为外植体。但实际上，植物种类不同，同一植物不同器官，同一器官不同生理状态，对外界诱导反应的能力及分化再生能力是不同的，培养的难易程度有很大差异。选择外植体应掌握以下几个原则：

①再生能力强的健壮植株。已分化的体细胞的再生过程必须经历脱分化与再分化阶段。由于不同的体细胞的分化程度不同，其脱分化的难易程度差异很大。如形成层和薄壁细胞比厚壁细胞脱分化容易。一般而言，分化程度高的细胞，其脱分化越难。因此，应尽量选择未分化或分化程度较轻的组织作为外植体材料。

一般情况下，越细嫩、年限越短的组织具有的形态发生能力越高，组织培养越易成功。对于大多数植物来说，茎尖和嫩梢是很好的外植体材料。同一植株不同部位之间再生能力存在差异，如同一种百合鳞茎的外层鳞片比内层鳞片再生能力强，下段比中段、上段再生能力强。

②最佳时期。在取材季节上，尽量选择在植株旺盛生长时期。因为旺盛生长时期的材料内源激素的含量较高，再分化比较容易。如百合鳞片外植体在春、秋季取材较易形成小鳞茎，而在夏、冬季取材则难以形成小鳞茎。苹果芽在春季取材成活率高，在夏、冬季取材成活率则大大降低。

③优良种质，遗传稳定性好。保持原物种的优良性状是植物组织培养的基本要求。因此，在选择外植体时，应选取变异较少的材料作为外植体使用。并且，在进行植物组织培养过程中，也应尽量避免组织的变异现象。

④适宜部位，容易消毒。在进行植物组织培养时，最好对所要培养的植物各部分的诱导

及分化再生能力进行比较，从中筛选合适的、最易再生的部位作为最佳外植体。在选择外植体时，应尽量选择带杂菌少的组织，以减少培养时的杂菌污染。一般地上组织比地下组织容易消毒，一年生组织比多年生组织容易消毒，幼嫩组织比老龄和受伤的组织容易消毒。

⑤大小适宜。外植体的大小应根据培养目的而定。如果是胚胎培养或脱毒，则外植体宜小，取茎尖分生组织时，只带 1～2 个叶原基，0.2～0.3mm 大小；如果是进行快速繁殖，外植体宜大，容易成活、再生。但外植体过大，消毒不易彻底，容易污染。一般外植体大小在 5～10mm 为宜，叶片、花瓣等约为 5mm^2，茎段则长 0.5～1cm。

（2）外植体灭菌。从田间或温室所取的材料常带有大量的杂菌。因此，外植体在接种之前必须采用化学药剂进行严格消毒。外植体的消毒是初代培养的一个重要环节。

①常用消毒剂。在选择消毒剂时既要考虑具有良好的消毒、杀菌作用，同时又易于冲洗掉或能自行分解的物质，并要求对材料损伤小，不会影响其生长。在使用不同的消毒剂时，还需要考虑使用浓度及处理时间，应根据不同材料的情况来具体确定。现将植物组织培养中常用的消毒剂列于表 4-12 中。

表 4-12 常用消毒剂的使用方法及效果

灭菌剂	使用浓度	清除的难易	灭菌时间（min）	效果
次氯酸钠	9%～10%	易	5～30	很好
次氯酸钙	2%	易	5～30	很好
漂白粉	饱和浓度	易	5～30	很好
氯化汞	0.1%～1%	较难	2～10	最好
酒精	70%～75%	易	0.2～2	好
过氧化氢	10%～12%	最易	5～15	好
溴水	1%～2%	易	2～10	很好
硝酸银	1%	较难	5～30	好
抗生素	4～50mg/L	中	30～60	较好

70%～75%酒精具有较强的杀菌力、穿透力和湿润作用，可排掉材料中的空气，利于其他消毒剂的渗入，因此常与其他消毒剂配合使用。注意酒精浓度不能太高，否则会使菌体表面蛋白质快速脱水、凝固，形成一层干燥膜，从而阻止酒精的继续渗入，消毒效果反而减弱。

氯化汞的灭菌原理是 Hg^{2+} 可以与带负电荷的蛋白质结合，使蛋白质变性，从而杀死菌体。氯化汞的消毒效果极佳，但易在植物材料上残留，消毒后应多次冲洗（至少冲洗 5 次）。氯化汞对环境危害大，对人畜的毒性极强，使用后要做好回收工作。次氯酸钠是一种较好的消毒剂，它可以释放出活性氯离子，从而杀死菌体。其消毒力很强，不易残留，对环境无害。但次氯酸钠溶液碱性很强，对植物材料有一定的损伤作用，要掌握好处理时间，不宜过长。

选择适宜的消毒剂处理时，为了使其消毒效果更为彻底，有时还需要与黏着剂或润湿剂（如吐温）以及磁力搅拌、超声振动等方法配合使用，使消毒剂能更好地渗入外植体材料内部，达到理想的消毒效果。

②外植体的预处理。外植体在接种前先要灭菌，在灭菌前，又先要进行预处理。植物材料一般采取的预处理方法是，先对植物组织进行修整，去掉不需要的部分，将准备使用的植

物材料在流水中冲洗干净。常用的外植体修整方法见表 4-13。

表 4-13　常用的外植体修整方法

外植体类型	修整方法
茎尖、茎段	剪除枝条上的叶片、叶柄及刺、卷须等附属物，软质枝条用软毛刷蘸肥皂水刷洗，硬质枝条用刀刮除枝条表面的蜡质、油质、茸毛等，枝条剪成带 2～3 个茎节的茎段
叶片	叶片带油脂、蜡质、茸毛等可用毛笔蘸肥皂水刷洗，较大叶片可剪成若干带叶脉的叶块
果实、种子、胚乳	直接冲洗消毒。对种皮较硬的种子可去除种皮、预先用低浓度的盐酸浸泡或机械磨损

③外植体消毒过程。外植体消毒的步骤如下：取材→预处理与整理→流水冲洗→70％～75％的酒精表面消毒→无菌水冲洗→消毒剂处理→无菌充分洗净→备用。

（3）外植体接种。经过消毒的外植体材料应尽快接种到预先准备好的培养基中，整个接种过程必须在严格的无菌条件下进行。接种后的材料须置于人工控制的环境条件下培养，使其生长，脱分化形成愈伤组织或进一步分化形成再生植物。

为了保证接种工作是在无菌条件下进行，每次接种前应进行接种室的清洁、清毒工作，接种过程中要严格遵守无菌操作规程，以减少污染。具体操作规程：

①无菌室消毒后，检查紫外灯是否关闭，仪器表是否正常。

②调整座位高度，以达到舒适度为宜。

③消毒工作台，喷洒酒精于工作台上下左右 4 面，勿喷出风面。

④取出酒精棉同一方向擦拭 5 个面，包括出风口。

⑤打开酒精灯调整灯芯长度为 1.5cm。

⑥将用酒精棉擦拭接种工具，后插入消毒器灭菌（300℃、3～5min）。

⑦其他用具材料带入工作台前须先喷洒酒精消毒，分别放置于工作台面。

⑧点燃酒精灯，消毒双手后开始操作。

⑨根据需要取出无菌纸或接种盘 1～2 个放置灯焰区内，一纸一瓶及时更换。

⑩取出培养基打开瓶盖，盖口向下放置台面，瓶身与出风面平行，瓶口不能对着出风口或向上，应平行或微向下。

⑪用冷却的接种工具接种材料。材料要均匀分布。

⑫接完一瓶用酒精棉擦拭工具插入消毒器灭菌，待消毒时间已满取出冷却，以便循环使用（一般准备两套接种工具）。

⑬接种完毕，清理工作台面，关闭工作台。同时做好标识。

注意事项：

①防止交叉污染。左右手不能相互交叉；每切割完 1 瓶母种材料就更换无菌滤纸；接种工具不能碰到台面；接种工具要全面充分灼烧。

②在酒精灯火焰的有效范围内操作（直径 10cm）。

③接种人员注意个人卫生，要经常勤剪指甲，穿工作服、戴口罩与帽子，并严格灭菌。

2. 继代培养

将初代培养诱导产生的愈伤组织、芽、苗、胚状体或原球茎等重新分割，接种到新配制的培养基上，进一步增殖扩繁的培养过程称为继代培养，也称为增殖培养。通过初代培养多获得的不定芽、无菌短枝、胚状体或原球茎等无菌材料称为中间繁殖体。中间繁殖体可以按几何级数扩繁，例如，2株苗为基础，每株苗的繁殖系数为3（即1株苗剪成3段接种，培养一段时间后每段又形成3株苗），那么经过10代繁殖，将生成 $2 \times 3^{10} = 118\ 098$ 株苗。

（1）增殖方式。组培快繁一般分为无菌短枝型、丛生芽增殖型、器官发生型、胚状体发生型、原球茎发生型等5种类型。一般大多数植物采取腋芽萌发或诱导不定芽产生，再以芽繁殖采取腋芽的方式进行增殖，见图4-11。兰科植物、百合等则采取原球茎增殖途径，见图4-12。对于由腋芽萌发伸长后形成的、节间明显的多茎段嫩枝，可采取切割茎段的方式，增殖茎段应具有最小组织量，即携带1个茎节，见图4-13。可将外植体垂直插入培养基中，但插入深度不能淹没茎节，也可水平放入培养基表面，以刺激侧芽的萌动；对于茎间不明显的芽丛，可采取分离芽丛的方式扩繁，若芽丛的芽较小，可先切成芽丛小块培养，芽苗稍大时再分割成

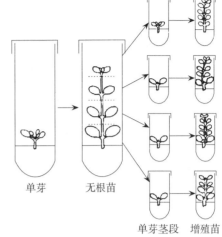

图4-11　茎段切割繁殖
（王振龙，2007）

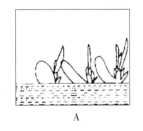 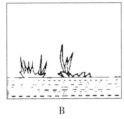 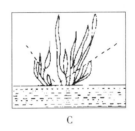 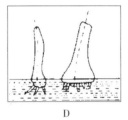

　A　　　　　　　　B　　　　　　　　C　　　　　　　　D

图4-12　鳞茎和球茎微繁殖方法

A. 丛生枝再生　B. 剪去丛生枝，露出2～3mm的基板　C. 互成直角的垂直切口，消除主茎的顶端优势　D. 横切微球茎或鳞茎，致使离体繁殖过程不断重复

（刘弘，2012）

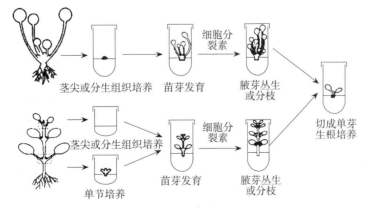

图4-13　利用腋芽方法离体繁殖
（王振龙，2007）

单芽继代培养；对能再生不定芽的愈伤组织块进行分割，继代扩繁，再诱导分化不定芽增殖。将原球茎切割成小块，也可给予针刺等损伤，或在液体培养基中振荡，来加快其增殖进程。

一种植物的增殖方式并不是固定不变的，有的植物可以通过多种方式进行无性扩繁。如葡萄可以多节茎段和丛生芽方式进行繁殖；蝴蝶兰可以原球茎和丛生芽方式进行繁殖。生产中，具体应用哪种增殖方式，主要根据其增殖系数、增殖周期、增殖后芽的稳定性以及适宜生产操作等因素类确定。

(2) 注意事项。生产上对继代培养增殖系数也应适当控制，一般能达到每月继代增殖 3~10 倍即可，追求过高繁殖率，一是所产生的苗太小、太弱，给生根和移栽带来很大困难；二是使培养材料变异率增大，影响遗传稳定性，导致严重不良后果。

3. 壮苗与生根

(1) 壮苗培养。在继代培养过程中，细胞分裂素浓度的增加有助于提高试管苗的增殖系数，但若增殖的芽过多，往往会出现不定芽短小、细弱的现象，芽苗不易生根，即使能够生根，成活率也很低。因此，在生根前先需经过壮苗培养，选择生长较好的不定芽分成单株培养，而将一些尚未成型的芽分成几个芽丛培养，并且在培养基中减少或完全去掉细胞分裂素，增加培养室的光照度，以培养壮苗。

在继代培养阶段，通过选择适宜的细胞分裂素和生长素的种类及不同浓度配比，可以同时满足增殖和壮苗的不同要求。如在杜鹃快繁的研究中发现，ZT/IAA 或 ZA/IBA 比值升高，芽的增殖系数的组合有利于形成壮苗。因此，在进行增殖扩繁时，适当降低培养基中的细胞分裂素浓度，并增加生长素的浓度，就能达到壮苗培养的目的，而不需再经过壮苗培育阶段。在实际生产中，在选择细胞分裂素与生长素的浓度合理配比，将有效增殖系数控制在 3.0~5.0，以实现增殖和壮苗的双重目的。

对于茎细、节长的植物（如马铃薯），可以在培养基中添加一定浓度的多效唑（PPP333）或矮壮素（CCC）等生长延缓剂，以培养壮苗。胚状体发育成的小苗常带有已经分化的根，可以不经诱导生根的阶段。但经胚状体途径发育的苗数量太多，且个体较小时，需要在低浓度植物激素的培养基中，以便壮苗。

(2) 生根培养。试管苗的生根培养时使无根芽苗生根形成完整植株的过程。芽苗的生根可在试管内进行，也可在试管外进行。

试管内生根是指将丛生苗分离成单苗或单株丛生苗，转接到生根培养基中，在培养容器内诱导生根的方法。在生根阶段对培养基成分和培养条件应进行调整，以减少试管苗对异养条件的依赖，逐步增强光合作用的能力。生根阶段的培养基需降低无机盐浓度，可选择无机盐浓度较低的基本培养基，如改良 White 培养基，也可选用与初代培养和继代培养相同的基本培养基种类，但降低其无机盐浓度，一般用 1/2 或 1/4 的量。生根培养阶段的培养基还需减少或除去细胞分裂素，增加生长素的浓度。NAA 和 IBA 是最常用于诱导生根的生长素，使用浓度一般为 0.1~10.0mg/L。有些植物，可先将芽苗转接到含有生长素的培养基中生长 1~2d 后，再转移至无生长素的培养基中，或将芽苗在含有生长素的生根溶液中浸蘸后直接插入无生长素的培养基中，其生根效果好。

生根阶段采用自然光照较灯光照明的组培苗更能适应室外环境条件。另外，培养基适当添加活性炭有利于提高生根苗质量。如在樱花生根培养基中加入 0.1%~0.2% 活性炭后，不定芽不仅生长健壮，无愈伤组织，而且根系较长、白色、有韧性、试管苗移栽后新根发生快，质量好，成活率高。

相关知识三　组培快繁器官发生类型

根据离体植物材料再分化的类型与成苗途径，组培快繁类型一般分为无菌短枝型、丛生芽增殖型、器官发生型、胚状体发生型、原球茎发生型等5种类型，见图4-14。所形成的植株称为再生植株，组培快繁类型也称为植株再生途径。

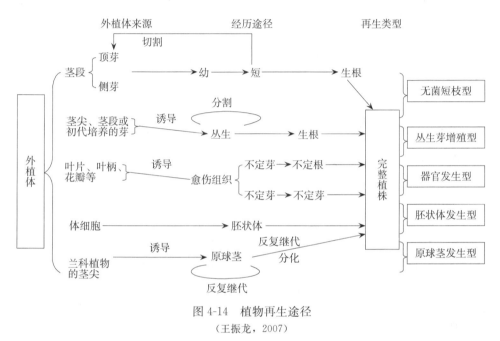

图 4-14　植物再生途径

(王振龙，2007)

（1）无菌短枝型。将顶芽、侧芽或带有芽的茎段接种到伸长的培养基上，进行伸长培养，逐渐形成一个微型的多枝多芽的小灌木丛状结构。继代培养时将丛生芽反复切段转接，重复芽—苗增殖的培养，从而迅速获得较多嫩茎。这种增殖方式也称为"微型扦插"。在选取芽位时，一般以上部3~4节的茎段或顶芽为宜。

（2）丛生芽增殖型。茎尖、带有腋芽的茎段或初代培养的芽，在适宜的培养基上诱导，可使芽不断萌发、生长，形成丛生芽。将丛生芽分割成单芽增殖培养成新的丛生芽，如此重复可实现快速、大量繁殖的目的。

（3）器官发生型。外植体经诱导脱分化形成愈伤组织，再由愈伤组织细胞分化形成不定芽（丛生芽）。这种途径也称为愈伤组织再生途径。

（4）胚状体发生型。胚状体类似于合子胚但有所不同，它通过球形胚、鱼雷形胚和子叶形胚的胚胎发育过程，形成类似于胚胎的结构，最终发育成小苗，但它是由体细胞发生的。胚状体可以从外植体诱导产生的愈伤组织进一步发育形成，或由外植体表皮细胞直接发育形成，或从悬浮培养的细胞中也能诱导产生。

但胚状体发生和发育情况复杂，通过体细胞胚胎发生途径快繁的植物种类远没有腋芽萌发和不定芽发生途径涉及的广泛。

（5）原球茎发生型。原球茎形成是兰科植物在组织培养过程中发生的一种特殊的繁殖方式。原球茎是短缩的、呈球粒状的、由胚性细胞组成的类似嫩茎的器官，它可以增殖，形成原球茎丛。可由茎尖或腋芽诱导产生原球茎。取兰科植物的茎尖或腋芽组织培养，都能诱导产生原球茎。切割原球茎进行增殖，或停止切割后继续培养，可见原球茎逐渐转绿，并产生毛状假根，叶原基发育成幼叶了，再将其转移培养生根，形成完整植株。

实训操作

工作一　无菌操作技术

一、工作目的

掌握器械、玻璃器皿、空间的灭菌方法。

二、工作准备

植物组织培养实验室、培养室，各种培养器皿、各种器械用具等。

三、任务实施

1. 操作

教师边演示边讲解灭菌操作方法，明确操作要求与注意事项。

（1）无菌操作的器械灼烧灭菌。将镊子、剪刀、解剖刀等浸入95％酒精中，使用前取出，在酒精灯火焰上灼烧灭菌。冷却后立即使用。

（2）玻璃器皿干热灭菌。干热灭菌是利用烘箱加热到160～180℃来杀死微生物。干热灭菌的物品要事先洗净并干燥、包装，以免灭菌后取用时重新污染。

（3）室内空间紫外线和熏蒸消毒灭菌。

①紫外线灭菌。在无菌操作间、超净工作台用紫外灯灭菌。紫外线的波长为200～300nm，其中260nm的杀菌能力最强，要求离照射物1.2m以内为宜。

②气体熏蒸剂。利用甲醛溶液挥发进行空气消毒。2％甲醛溶液（10mL/m³）加入0.5％高锰酸钾（5g/m³）即可挥发浓雾气体，散发至整个房间，人员立即撤出，封闭门窗，经1d后通风，可达到很好的消毒效果。

（4）药液喷雾。常用0.25％新洁尔灭或70％酒精喷雾，对接种室、培养室等空间以及墙壁、超净工作台消毒。喷雾要均匀，不留死角，同时要注意安全。

（5）药液擦拭。用抹布蘸取70％酒精或0.1％高锰酸钾擦拭培养架，用洗衣粉水拖地，一般每周1次。

2. 学生反复操作，教师在旁指导

3. 完成实训报告

四、任务考核

分组进行考核无菌操作技术。

工作二　初代培养

一、工作目的

初步掌握组织培养外植体的选择及灭菌接种。

二、工作准备

外植体（自采）、培养基80瓶、双人单面工作台1台（带两个高温消毒器）、剪刀6把、镊子6把、酒精灯2只、无菌纸2包、喷壶2个、酒精棉1瓶、一次性口罩3只、记号笔2支等。

三、任务实施

植物组织培养的成功与否首先在于初代培养，即能否建立起无菌繁殖体。具体要求注意以下各个环节。

1. 保证无菌

主要保证培养材料和培养基的无菌状态。培养室良好的清洁环境，以及工作人员的无菌操作技术，材料灭菌，不同作物、同一株不同部位都有不同的要求。

2. 条件合适

确定材料大小，茎尖培养存活临界大小应为一个茎尖分生组织带有1～2个叶原基，大小为0.2～0.3mm，花瓣等约为5mm^2，茎段则长约0.5cm；第二，选择好合适的培养基激素及其他添加物；第三，注意掌握适宜的培养条件，如光照、温度。

3. 初代培养

建立初代培养，操作技术十分重要，无菌操作快，动作熟练，缩短可能污染的时间。

（1）接种室的清洁和消毒，接种前半小时，可用75％酒精或新洁尔灭喷洒，地板用湿拖把拖刷。超净工作台在接种前用95％酒精涂抹工作台面和有关用具，并先开机鼓风15min后才能使用。

（2）培养基。初代培养基常用MS培养基根据实际情况适当调整。

（3）外植体的选择、清洗。①选择无病害的健壮材料；②用自来水冲洗12h。

（4）外植体的灭菌。第一，对外植体进行修整；第二，在超净工作台上先用0.1％升汞溶液浸泡8～10min，再用70％酒精浸泡10～30s，最后用无菌水冲洗3次，每次约1min。如果外植体是种子，种皮太硬先去掉种皮，然后再用升汞浸泡，无菌水冲洗后即可取出接种。

（5）外植体的接种与培养。用经过灭菌的剪刀将嫩叶剪成0.5cm^{2}大小的小块置于经过灭菌的培养皿中，打开培养瓶盖子（或试管塞子）用经过灭菌的镊子将外植体置于培养容器内，使外植体与培养基紧密接触，然后盖上盖子并拧紧（或塞上塞子）写上接种日期和外植体名称即转入培养室内培养。室内温度25±2℃，光照度为1 000～2 000lx，每天光照约14h。

4. 无菌操作流程

为了保证接种工作是在无菌条件下进行，每次接种前应进行接种室的清洁、清毒工作接种过程中要严格遵守无菌操作规程，以减少污染。具体操作规程：

（1）无菌室消毒后，检查紫外灯是否关闭，仪器表是否正常。

（2）调整座位高度，以达到舒适度为宜。

（3）消毒工作台，喷洒酒精于工作台上下左右4面，勿喷出风面。

（4）取出酒精棉同一方向擦拭5个面，包括出风口。

（5）打开酒精灯调整灯芯长度为1.5cm。

（6）将用酒精棉擦拭接种工具，后插入消毒器灭菌（280℃，3～5min）。

（7）其他用具材料带入工作台前须喷洒酒精消毒，分别放置于工作台面。

（8）点燃酒精灯，消毒双手后开始操作。

（9）根据需要取出无菌纸或接种盘1～2个放置于灯焰区内，一纸一瓶及时更换。

（10）取出培养基打开瓶盖，盖口向下放置于台面，瓶身与出风面平行，瓶口不能对着出风口或向上，应平行或微向下。

（11）用冷却的接种工具接种材料。材料要均匀分布。

（12）接完一瓶用酒精棉擦拭工具插入消毒器灭菌，待消毒时间已满取出冷却，以便循环使用。（一般准备两套接种工具）

（13）接种完毕，清理工作台面，关闭工作台。同时做好标识。

5. 学生分组操作，组长负责组织协调，教师在旁巡回指导（有条件的可对学生进行操作录像，以便纠正与讨论）

6. 实训报告

（1）撰写初代培养无菌操作流程。

（2）要定期观察。

四、任务考核

分组进行接种考核。

工作三　继代培养

一、工作目的

初步掌握继代培养技术。

二、工作准备

试管苗20瓶、培养基80瓶、双人单面工作台1台（带两个高温消毒器）、剪刀6把、镊子6把、酒精灯2只、无菌纸2包、喷壶2个、酒精棉1瓶、一次性口罩3只、记号笔2支等。

三、任务实施

通过外植体进行初代培养，能否不断增殖并进行继代，既是植物组织培养能否成功实际应用的关键，又是植物离体快速繁殖中第二个阶段的目的，也是最为重要的一个步骤。

1. 继代培养方法

固体培养：多数继代方法都用固体培养，将愈伤组织分割成小块或进行分株、分割、剪截（剪成单芽茎段）并转接于新鲜培养基上。

2. 继代培养基

大多数继代培养基与原诱导培养基相同，但也可改变培养基的培养条件来保持继代培养。

3. 愈伤组织、胚状体继代培养

金边瑞香嫩叶接种在诱导培养基上 1 周后便逐渐形成愈伤组织，为保持愈伤组织的旺盛生长，一般 3～4 周将愈伤组织进行继代培养，继代培养控制在 10 代左右，其方法：

①在无菌条件下，用无菌的镊子（或接种针）从培养瓶中取出愈伤组织，将它们放在无菌的培养皿中。

②用无菌解剖刀把每块愈伤组织分割成若干小块（一般不小于 5mm×5mm）并把已坏死的区域弃去。

③用无菌镊子将小块愈伤组织放入新鲜的培养基上，每瓶（或培养基可以放 3～5 块，盖上盖子或塞上塞子）后置于培养室中继代培养。

4. 任务结果

（1）撰写继代培养流程。

（2）要定期观察。

四、任务考核

继代接种（时间 30min）。

工作四　生根培养

一、工作目的

掌握芽苗诱导生根的培养技术。

二、工作准备

试管苗 20 瓶、培养基 80 瓶、双人单面工作台 1 台（带两个高温消毒器）、剪刀 6 把、镊子 6 把、酒精灯 2 只、无菌纸 2 包、喷壶 2 个、酒精棉 1 瓶、一次性口罩 3 只、记号笔 2 支等。

三、任务实施

1. 取材

用金边瑞香离体培养的丛生芽苗

2. 培养基配制、灭菌

1/2MS＋IBA0.5mg/L＋NAA0.5mg/L＋糖 3％＋琼脂粉 0.45％（pH5.8）。

3. 接种培养

在无菌条件下操作，切取长 1～1.5cm 丛生芽苗移到生根培养基中培养，温度（25±2)℃，适当加强光照和延长时间，每天光照 14h，光照度 1 000lx。

4. 任务结果

（1）撰写生根培养过程。

（2）要定期观察。

四、任务考核

培养健壮生根苗。

任务五　组培苗培养与管理

教学目标：

掌握组培苗的培养条件；了解组培过程中常出现的问题及其原因，能有效解决组培常见问题。

任务提出：

观察组培苗培养过程中常出现的问题，并能找出原因和解决问题，学会制作观察记录表。

任务分析：

第一，解决组培易发生问题的原因与调控措施。

第二，掌握组培试验观察的内容、方法与常用技术指标。

第三，能编制组培观察表。

第四，培养分析数据的科学思维能力。

相关知识一　组培苗的培养条件

培养条件要依据各种植物材料对环境条件的不同需求进行调控，一般来说，培养室控制的条件主要有温度、光照、湿度和通气等。

1. 温度

大多数植物适宜生长温度为 20～30℃，低于 15℃ 或高于 35℃ 时会抑制正常生长和发育。一般生长在高寒地区的植物，其最适生长温度较低；而生长在热带地区的植物，则对环境温度相对要求较高。如马铃薯在 20℃ 情况下培养效果好，菠萝在 28～30℃ 情况下培养效果较好。因此，在植物组织培养中，培养室内的温度通常控制在 (25±2)℃。在条件允许的情况下，可设立多个小培养室，根据不同植物对环境温度的要求来设定培养室温度。同时，也可根据培养室内上下层架的温差来调节，一般培养室内最上层与最下层的温差为 2～3℃。

2. 光照

光照对离体培养物的生长和分化具有很大的影响。光效应主要表现在光照度、光照时间和光质等方面。

不同植物及同一植物的不同材料对光照条件的要求不同。一般情况下，植物所需的光照度为 1 000～5 000lx。光照度对培养物的增殖、器官分化、胚状体形成都有很大影响。器官的分化需一定的光照，并随着试管苗的生长，光照度须要不断的加强，才能使小苗生长健壮。若光照度弱，幼苗容易徒长。但是，在黑暗条件下有利于细胞和愈伤组织的增殖，在愈伤组织的诱导阶段可用铝箔或者合适的黑色材料包裹避光，或置于暗室中培养。

光照时间的长短常表现出光周期反应。如对短日照敏感的葡萄品种茎段培养时，仅在短日照条件下才可能形成根；而对日照长度不敏感的品种在不同光周期下均可以形成根。在一般情况下，培养室每日光照 10～16h。

不同光波对细胞分裂和器官分化也有很大影响。如在杨树愈伤组织的生长中，红光有促进作用，蓝光则有阻碍作用。在烟草愈伤组织的分化培养中，起作用的光谱主要是蓝光区，红光和远红光有促进芽苗分化的作用。光质对植物组织分化的影响，目前尚无一定规律可循，这可能是不同植物对光信号反应不同所致。但如果能把这些光质的作用有意识地运用到种苗的规模化生产中，可达到节省能源和提高产量的目的。

3. 湿度

湿度影响主要有培养容器内湿度和培养环境湿度两个方面。容器内的湿度常可保持在100%，之后随着培养时间的推移，水分会逐渐逸失，相对湿度也会有所下降。因此，对培养容器封口材料的选择上应注意，要求至少要保证在1个月内有充足水分来满足培养物的生长需要。如果培养容器的水分散失过多，培养基渗透压升高，会阻碍培养物的生长和分化。当然，封口材料过于密闭，影响气体交流，导致有害气体难于散去，也会影响培养物的生长和分化。培养环境湿度随季节、气候变化会有很大变动，要注意调节。若湿度过低会造成培养基失水，影响培养物的生长和分化；若湿度过高会造成杂菌滋生，导致大量污染。培养室的相对湿度一般应保持在70%～80%，湿度过高时可用除湿机或通风除湿，湿度不够时可采用加湿器或拖地增湿。

4. 通气

植物的呼吸需要氧气，并且培养物会产生二氧化碳、乙醇、乙醛等气体，浓度过高会影响培养物的生长发育。在液体培养时，须进行振荡、旋转或浅层培养以解决氧气供应。在固体培养中，接种室不要把培养物全部埋入培养基内，以避免氧气不足。要采用通气性好的瓶盖、有滤气膜的封口材料或棉塞，使瓶内与外界保持通气状态。培养室要适当通风换气，改善室内的通气状况，每次通风后要进行一次消毒，避免引起培养物污染。

相关知识二　组培常见问题及防治措施

1. 污染

污染是植物组织培养最常见和首要解决的问题。所谓污染是指在组织培养过程中，有细菌、真菌等微生物的侵染，在培养基的表面滋生大量菌斑，造成培养材料不能生长和发育的现象。

造成污染的病原菌主要有细菌和真菌两大类。细菌性污染症状是菌落呈黏液状，颜色多为白色，与培养基表面界限清楚，一般接种后1～2d就能发现；真菌性污染的症状是所形成的菌落多为黑色、绿色、白色的绒毛状、棉絮状，与培养基和培养物的界限不清，一般接种后3～10d后才发现。实际培养中要明确辨别污染的类型，一般有针对性地采取防治措施，从而提高组培效率和质量。

（1）污染的原因。造成组培污染的原因主要有：①外植体灭菌不彻底；②操作时人为带入；③培养基及接种工具灭菌不彻底；④环境不清洁。实际上这也是造成组培污染的4条主要途径。

（2）防治污染的措施。

①防止外植体带菌。

A. 做好接种材料的室外采集工作，最好春秋季采集外植体；晴天下午采集；优先选择地上部分作为外植体；外植体采集前喷杀虫剂、杀菌剂或套袋等。

B. 接种前在室内或无菌条件下对材料进行预培养，从新抽生的枝条上选择外植体。

C. 外植体严格灭菌，在正式接种或大规模组培生产前一定要进行灭菌效果试验，摸索出最佳的灭菌方法，达到最好的灭菌效果。对于难于灭菌彻底的材料可以采取多次灭菌和交替灭菌的方法。

D. 植体修剪时一定要防止交叉污染。

②培养基和接种器具彻底灭菌

A. 严格按照培养基配制要求分装、封口。培养基分装时，液体培养基不能溅流到培养瓶口；封口膜不能破损；封口时线绳位置适当，松紧适宜。

B. 保证灭菌时间和灭菌温度。灭菌时高压灭菌锅内的冷空气要彻底排放干净；认真登记灭菌时间和检查灭菌温度，防止灭菌时间不足或温度不够而带来的细菌性污染。

C. 接种工具、工作服、口罩、帽子等布制品在使用前彻底灭菌，而且在接种过程中，接种器具要经常灼烧灭菌。

③严守无菌操作规程，防止操作时带入。

A. 接种人员注意个人卫生，洗手后进入接种室；接种时经常用75%酒精擦手。

B. 在酒精灯火焰的有效控制区域内操作。在操作规范的前提下，尽量提高接种速度。

C. 接种时，接种员双手不能离开工作台，如果离开工作台必须用酒精擦手后再接种。

D. 接种时开瓶和封口的动作要轻、要快，旋转烧瓶口并拿成斜角。

E. 尽量避免在接种用具和培养皿、揭开的培养瓶口上方移动。

F. 用于材料表面灭菌的烧杯和需要转接的种苗瓶最好在放入超净工作台前用酒精擦拭。

G. 操作区内不要一次性放入过多的空白培养基，避免气流被挡住。

④保持环境清洁。

A. 培养室和接种室定期用消毒剂熏蒸、紫外灯照射或臭氧灭菌。

B. 及时拣出污染的组培材料，定期对培养室消毒。

C. 定期清洁或更换超净台过滤器，并进行带菌试验。

D. 经常用涂抹或喷雾方式清洁超净工作台。

E. 严格控制人员频繁出入培养室。

2. 褐变

褐变（又称为褐化），是指培养材料向培养基释放褐色物质，致使培养基逐渐变褐，培养材料也随之变褐，甚至死亡的现象。培养材料褐化是由于植物组织中的过酚氧化酶被激活，使细胞里的酚类物质氧化成棕褐色的醌类物质，并抑制其他酶的活动，导致代谢紊乱；这些醌类物质扩散到培养基后，毒害外植体，造成生长不良甚至死亡。

（1）褐变产生的原因。

①植物种类和品种。在不同植物或同种植物不同品种的组培过程中，褐变发生的频率和严重程度存在很大差异，这是由于不同植物种类和品种所含的单宁及其他酚类化合物的数量、多酚氧化酶活性上的差异造成的。因此，在培养过程中应根据组培对象采取相应的褐变预防措施，特别对容易褐变的植物，应考虑对其不同基因型进行筛选，力争采用不褐变或褐变程度轻的外植体作为培养对象。

②植物体的生理状态、取材季节与部位。由于外植体的生理状态不同，在接种后褐化程度也有所不同。一般来说，处于幼龄的植物材料较成年植株采集的植物材料褐变程度轻；老熟组织较幼嫩组织褐变严重。另外，处于生长季节的植物体内含有较多的酚类化合物，

所以夏季取材更容易发生褐变，冬春季节取材则材料褐变死亡率最低。因此，从防止材料褐变角度考虑，要注意取材的时间和部位。

③培养基成分。无机盐浓度过高会使某些观赏植物的褐变程度增加；细胞分裂素水平过高也会刺激某些外植体多酚氧化酶的活性，从而使褐变现象加重。如果外植体在最适宜的脱分化条件下，细胞大量增殖，会在一定程度上抑制褐变发生。

④培养条件。培养过程中光照过强、温度过高、培养时间过长等，均可使多酚氧化酶的活性提高，从而加速外植体的褐变。因此，采集外植体前，将材料或母株枝条作遮光处理后再切取外植体培养，能够有效抑制褐变的发生。初代培养的材料暗培养，对抑制褐变发生也有一定的效果，但应通过试验摸索出适宜的时间，否则暗培养时间过长，会降低外植体的生活力，甚至引起死亡。

⑤材料转移时间。培养过程中材料长期不转移，会导致培养材料褐变，最终材料全部死亡。

⑥外植体大小及受损程度。切取的材料大小、植物组织受伤的程度也影响褐变。一般来说，材料太小，容易褐变；外植体受伤越重，越容易褐变。因此化学灭菌剂在杀死外植体表面菌类的同时，也可能会在一定程度上杀死外植体的组织细胞，导致褐变。

（2）褐变的预防措施。

①适宜的时间采集外植体。尽量冬春季采集幼嫩外植体，并加大接种量；外植体和培养材料最好进行 20～40d 的遮光处理或暗培养。

②选择适宜的培养基。调整激素用量，在不影响外植体正常生长和分化的前提下，尽量降低温度，减少光照。及时更新培养基也是降低褐变的重要措施之一。

③加入抗氧化剂。在培养基中接入抗氧化剂或在含有抗氧化剂的培养基中进行预培养，可大大减轻褐变程度。在液体培养基中加入抗氧化剂比在固体培养基中加入的效果要好。常用的抗氧化剂有维生素 C、聚乙烯吡咯烷酮、半胱氨酸、硫代硫酸钠、柠檬酸、活性炭等。通常在培养基中附加 0.1%～0.3% 的活性炭或 5～20mg/L 的聚乙烯吡咯烷酮。

④加快继代转瓶速度。如山月桂树的茎尖培养中，接种 12～24h 转移到液体的培养基上，然后继续每天转 1 次，这样经过连续处理 7～10d 后，褐变现象便会得到控制或大为减轻。

⑤合理使用灭菌剂。合理使用灭菌剂，做到材料剪切时尽量减少外植体的受损面积，而且创伤面尽量平整。

3. 试管苗玻璃化

当植物材料不断地进行离体繁殖时，有些培养物的嫩茎、叶片往往会呈半透明水渍状，这种现象通常称为玻璃化（也称为超水化现象）。发生玻璃化的试管称为玻璃化苗。

玻璃化苗矮小肿胀，失绿，茎叶表皮无蜡质层，无功能性气孔，叶、嫩梢呈水晶透明或半透明；叶色浅，叶片皱缩而纵向卷曲，脆弱易碎；组织发育不全或畸形；体内含水量高，干物质等含量低；试管苗生长缓慢，分化能力降低。一旦形成玻璃苗，就很难恢复成正常苗，严重影响繁殖率，因此，不能作为继代培养和快繁的材料，加上生根困难，移栽成活率极低，会给生产造成很大损失。

（1）试管苗玻璃化的原因。试管苗玻璃化是在芽分化启动后的生长过程中，糖类、氮代谢和水分状态等发生生理性异常引起，它受多种因素影响和控制。因此，玻璃化是试管苗的一种生理失调症状。试管苗为了适应变化了的环境而呈玻璃状。引起试管苗玻璃化的因素主要有激素浓度、琼脂过量、温光条件、通风状况、培养基成分等。

①植物激素。许多试验证明，培养基中 6-BA 浓度和玻璃苗产生率呈正相关，6-BA 的浓度越高，玻璃苗产生的比例越大。在实际的组织培养过程中，6-BA 等细胞分裂素浓度偏高的原因有：①培养基中一次加入细胞分裂素过多；②细胞分裂素与生长素的比例失调，植物吸收过多细胞分裂素；③细胞分裂素经多次继代培养引起的累加效应。通常继代次数越多的，玻璃化发生的比例越大。此外，GA$_3$ 与 IAA 促进细胞过度生长会导致玻璃化；乙烯促进叶绿素分解和植株肿胀，也易形成玻璃化苗。

②培养基成分。培养基中无机离子的种类、浓度及其比例不适宜该种植物，则玻璃化苗的比例就会增加。培养基中氮含量过高，特别是铵态氮过高，也会导致试管苗玻璃化。

③琼脂与蔗糖的浓度。研究发现琼脂与蔗糖的浓度与玻璃化成负相关。琼脂浓度低，培养基硬度差，玻璃化苗的比例增加，水浸状严重，苗只向上生长。液体培养更容易形成玻璃化苗。虽然琼脂用量的增加，玻璃化的比例明显减少，但琼脂加入过多，培养基会变硬，会影响营养吸收，使苗生长缓慢，分枝减少。在一定范围内，蔗糖浓度越高，玻璃化苗产生的概率越低。

④温度和光照。适宜的温度可以使试管苗生长良好，但温度过高过低或忽高忽低都容易诱发玻璃化苗。增加光强可增加光合作用，提高糖类的含量，使玻璃化的发生比例降低；光照不足，加之高温，极易引发试管苗的过低生长，会加速试管苗的玻璃化。大多数植物在 10~12h/d 的光照时间、1 500~2 000lx 光照度的条件下能够正常生长和分化。当每天的光照时间大于 15h 时，玻璃化苗的比例有增加趋势。

⑤培养瓶内与通气条件。试管苗生长期间，要求气体交换充分、良好。如果培养瓶口密闭度过严，瓶内外气体交换不畅，造成瓶内空气湿度和培养基含水量过高，容易诱发玻璃化苗。一般来说，单位体积内培养的材料越多，苗的长势越快，玻璃苗出现的频率就越高。当培养瓶内分化芽丛多、芽丛已长满瓶未及时转苗，瓶内空气质量恶化，CO$_2$ 增多，此时会很快形成玻璃化苗。

⑥植物材料。不同植物试管苗产生玻璃化苗的难易程度是不一样的。草本植物和幼嫩组织相对容易发生玻璃化。禾本科植物如水稻、小麦、玉米等试管苗却不易产生玻璃化苗。对容易玻璃化的植物，如果长时间浸泡在水中，则玻璃化程度尤其严重。

（2）防止玻璃化苗发生的措施。

①增加培养基的硬度。适当增加琼脂的浓度，提高琼脂的纯度，都可增加培养基的硬度，造成细胞吸水阻遏，可降低试管苗玻璃化。

②降低培养基的渗透势。适当提高培养基中蔗糖含量，或加入渗透剂，降低培养基的渗透势，减少培养基中植物材料可获得的水分，造成水分胁迫。

③使用透气性好的封口材料。如牛皮纸、棉塞、滤纸、封口纸等，尽可能降低培养瓶内的空气湿度，加强气体交换，从而提高培养瓶的通气条件。

④适当提高培养基中无机盐的含量。减少铵态氮而提高硝态氮的用量。

⑤选择合适的激素种类与浓度。适当降低培养基中细胞分裂素和赤霉素的浓度。

⑥适当控制培养瓶内的温度。需要时可适当低温处理，避免温度过高，防止温度突然变化，可抑制试管苗玻璃化。一定的昼夜温差较恒温效果好。

⑦提高光强。适当延长光照时间或增加自然光照，提高光强，可抑制试管苗玻璃化。

⑧尽量选用玻璃化轻或无玻璃化的植物材料。

⑨在培养基中适当添加活性炭、间苯三酚、根皮苷、聚乙烯醇（PVA），均可由小控制玻璃化苗的发生。

⑩发现培养材料有玻璃化倾向时，应立即将未玻璃化的苗转入生根培养基上诱导生根，只要生根就不会再玻璃化。

4. 其他问题

组织培养过程中除了污染、褐变和玻璃化三大技术难题之外，还有黄化、变异、瘦弱或徒长、不生根或生根率低、移栽成活率低、材料死亡、增殖率低或过盛等问题。这些问题产生的原因及预防措施，见表 4-14 至表 4-17。

表 4-14 植物组织培养常见的问题与解决措施

常见问题	产生原因	解决措施
材料死亡	外植体灭菌过度；材料污染；培养基不适宜或配制有问题；培养环境恶化	灭菌温度和时间适宜；注意环境和个人卫生；严格操作；选用合适的培养基；改善培养环境，及时转移和分瓶；加强组培苗的过渡管理
黄化	培养基中铁含量不足；矿质营养不均衡；激素配比不当；糖用量不足，长期不转移；培养环境通气不良；瓶内乙烯量高；光照不足；培养温度不适	正确添加培养基的各种成分；调节培养基组成和 pH；降低培养温度、增加光照和透气性；减少或不用抗生素类物质
变异和畸形	激素浓度和选用的种类不当；环境恶化和不适	选用不易发生变异的基因型材料；尽量使用"芽生芽"的方式；降低细胞分裂素浓度；调整生长素与细胞分裂素的比例；改善环境条件
增殖率低下或过盛	与品种特性有关；与激素浓度和配比有关	进行一定范围的激素对比试验，根据长势确定配方，并及时调整；交替使用两种培养基；考虑品种的田间表现和特性，优化培养环境
组培苗瘦弱或徒长	细胞分裂素浓度过高；过多的不定芽未及时转移和切分；温度过高，通气不良，光照不足；培养基水分过多	适当增加培养基硬度；加速转瓶；降低接种量；提高光强，延长光照时间；减少细胞分裂素用量；选择透气性好的封口膜；降低环境温度
移栽死亡率高	组培苗质量差；环境条件不适；管理不精细	培养高质量组培苗；及时出瓶，尽快移栽；改善环境条件；采配套的管理措施，加强过渡苗的肥水管理和病虫害防治
不生根或生根率低	种类和品种间的差异；激素种类和浓度；环境条件；繁殖苗的基部受伤	对难于生根品种，从激素种类和水平、环境条件综合调控；掌握移栽操作要领和质量要求；切割苗的基部时使用利刀，用力均匀，切口平整，损伤少

表 4-15 初始培养阶段的常见问题与调控措施

常见问题	产生原因	调控措施
培养物长期培养几乎无反应	基本培养基不适宜，生长素不当或用量不足，温度不适宜	更换基本培养基或调整培养成分，尤其是调整盐离子浓度，增加生长素用量，试用 2,4-D，调整培养温度
培养物呈水渍状、变色、坏死、茎断面附近干枯	表面杀菌剂过量、消毒时间过长，外植体选用不当（部位或时期）	调换其他杀菌剂或降低浓度，缩短消毒时间，试用其他部位，生长初期取材
愈伤组织过于致密、平滑或突起，粗厚，生长缓慢	细胞分裂素用量过多，糖浓度过高，生长素过量	减少细胞分裂素用量，调整细胞分裂素与生长素比例，降低糖的浓度
愈伤组织生长过旺、疏松，后期水浸状	激素过量，温度偏高，无机盐含量不当	减少激素用量，适当降低培养温度，调整无机盐（尤其是铵盐）含量，适当提高琼脂用量增加培养基硬度
侧芽不萌发，皮层过于膨大，皮孔长出愈伤组织	枝条过嫩，生长素、细胞分裂素用量过多	减少激素用量，采用较老化枝条

表 4-16　增殖培养阶段的常见问题与调控措施

常见问题	产生原因	调控措施
苗分化数量少、速度慢、分枝少、个别苗生长细高	细胞分裂素用量不足，温度偏高，光照不足	增加细胞分裂素用量，适当降低温度，改善光照，改单芽继代为团块（丛芽）继代
苗分化过多，生长慢有畸形苗，节间极短，苗丛密集，微型化	细胞分裂素用量过多，温度不适宜	减少或停用细胞分裂素一段时间，调节温度
分化率低、畸形，培养时间长时苗再次愈伤组织	生长素用量偏高，温度偏高	适当减少生长素用量，适当降温
叶增厚变脆	生长素用量偏高，或兼有细胞分裂素用量偏高	适当减少激素用量，避免叶片接触培养基
幼苗淡绿，部分失绿	无机盐含量不足，pH 不适宜，铁、锰、镁等缺少或比例失调，光照、温度不适	针对营养元素亏缺情况调整培养基，调好 pH，调控温度、光照
幼苗生长无力、发黄、落叶、有黄叶、死苗夹于丛生芽苗中	瓶内气体状况恶化，pH 变化过大，久不转接导致糖已耗尽，营养元素亏缺失调，温度不适，激素配比不当	及时转接、降低接种密度，调整激素配比和营养元素浓度，改善瓶内气体状况，控制温度
再生苗的叶缘、叶面偶有不定芽的分化	细胞分裂素用量偏高，或表明该种植物不适于该种再生方式	适当减少细胞分裂素用量，或分阶段地利用这一再生方式
丛生苗过于细弱，不适于生根或移栽	细胞分裂素浓度过高或赤霉素使用不当，温度过高，光照时间短，光照度低，久不转移，生长空间窄	减少细胞分裂素用量，不用赤霉素，延长光照时间，增强光照，及时转接，降低接种密度，更换封瓶纸的种类

表 4-17　生根阶段的常见问题与调控措施

常见问题	产生原因	调控措施
培养物久不生根，基部切口没有适宜的愈伤组织	生长素种类、用量不适宜；生根部位通气不良；生根程序不当；pH 不适，无机盐浓度及配比不当	改进培养程序，选用适宜的生长是或增加生长素用量，适当降低无机盐浓度，改用滤纸桥液体培养生根等
愈伤组织生长过快、过大，根茎部肿胀或畸形，几条根并联或愈合	生长素种类不适，用量过高，或伴有细胞分裂素用量过高，生根诱导培养程序不对	调换生长素种类或几种生长素配合使用，降低使用浓度，附加维生素 B_2 或多聚半乳糖醛酸酶（PG）等减少愈伤组织，改变生根培养程序等

相关知识三　试验数据采集与结果分析

1. 试验数据采集

　　组培试验效果如何，需要依据数据调查与结果分析来衡量。组培数据调查与结果分析是组培试验研究的重要内容。在调查的组培数据中，出愈率、污染率、分化率、增殖率、生根率、成活率等是需要计算的技术指标，也包括能够直接观察和测量的数据，如长势、长相、叶色、不定芽高度、愈伤组织大小与生长状况等。上述数据均为非破坏性的测量，即在测量之后，离体培养物仍能正常生长。有些数据需要在条件允许的情况下进行破坏性测量（如愈伤组织的质地判定等）。在组培过程中，一定要充分利用转接、出瓶等时机，直接调查，采集数据。组培主要技术指标的含义及计算方法见表 4-18，组培苗观察与计算的主要内容见表 4-19。

组培试验的结果分析，没有特殊的要求。一般可直接比较大小、高低；在差异不明显时，需要进行显著性检验。多因子试验需要进行方差分析，以确定主要影响因子。

表 4-18　组培主要技术指导

指标名称	含义	计算公式
出愈率	反映无菌材料愈伤组织诱导的效果	出愈率＝（形成愈伤组织的材料数/培养材料总数）×100%
分化率	反映无菌材料的分化能力与再分化的效果	分化率＝（分化的材料数/培养材料总数）×100%
污染率	大致反映杂菌侵染程度和接种质量	污染率＝（污染的材料数/培养材料总数）×100%
增殖率	反映中间繁殖体的生长速度和增殖数量的变化	$Y=mX^n$　　Y：年生产量；m：每瓶苗数；X：每周期增殖倍数；n：年增殖周期数
生根率	大致反映无根芽苗根原基发生的快慢和生根效果	生根率＝（生根总数/生根培养总苗数）×100%
成活率	反映组培苗的适应性与移栽消费，一定程度上说明组培与快繁成功的高低	成活率＝（40d 时成活植株总数/移栽植株总数）×100%

表 4-19　组培苗观察的内容与方法

观察阶段	观察的内容要点	观察方法
初代培养	外植体变化（形态、结构、颜色） 愈伤组织、胚状体或芽萌动时间与数量 出愈率、分化率、胚状体或原球茎的诱导率 污染率、褐变率等异常现象	目视观察、照相、计算
继代培养	中间繁殖体的长势（生长量、健壮程度等） 长相（形态、结构、质地、大小、高度、颜色、位置等） 增殖率和污染率、褐变率、玻璃化苗发生率、变异率等异常现象	目视、照相、显微观察
生根培养	根发生时间 长势（根生长量、根发达程度等） 长相（根长、根数、根粗、根色、位置等） 生根率和污染率、畸形根发生率等异常现象	目视、照相、显微观察、计算
驯化移栽	试管苗长势（生长量、健壮程度等） 长相（株高、根数、根长、根色、叶数等） 驯化移栽成活率 壮苗指数 变异率等	目视观察、计算、试验

2. 编制组培观察表

观察表在设计上要合理全面，因根据实际情况而定。表 4-20 只是作参考。学生可以自己设计。

表 4-20 组织培养试验观察（参考）

项目名称：   项目组：   观察日期：

试验处理	基础数据	
	接种瓶数	每瓶接种量
CK		
处理 1		
处理 2		
处理 3		

试验处理	试验观察项目与内容								
	技术指标调查						定性观察		处理意见
	污染率	出愈率	分化率	增生率	生根率	成活率	生长与分化情况	异常现象	
CK									
处理 2									
处理 3									

组长签字：   指导教师签字：

3. 组培苗观察注意事项

组培苗观察是组织培养的常规而又非常必要的工作之一。它是运用理论知识解释组培现象，判断组培正常与否的实践环节。技术指标等数据的统计分析结果将直接作为下一步培养方案调整和常见问题解决的重要依据。因此需要经常认真观察记录培养物的表现。

（1）准备观察用具。

（2）认真观察苗组培苗。要求尊重事实，调查全面、记录完整。

（3）最好不要手握封口膜处，以防二次污染。

（4）培养瓶最好不要带出培养室。

（5）填写观察记录表，要求概括、全面、言简意赅，计算准确。

（6）出愈率、分化率、生根率等技术指标的数据统计一般要求以 30 个培养物调查为依据；培养物的生长量等数据一般是至少 5 个培养物的平均值；污染率、玻璃化发生率、褐变率等数据统计以一次接种的培养物为基数。

相关知识四 植物器官培养

器官培养包括离体的根、茎、叶、花器官和果实的培养，是最常用的离体器官，采用的器官种类较多，应用的范围较广。

在生产实践上利用茎、叶和花器官培养建立的试管苗，可在短期内提高繁殖速率，进行名贵品种的快速繁殖。

1. 离体根培养

因为根系生长快，代谢强，变异小，加上无菌，不受微生物干扰，可根据研究需要，改变培养的成分来研究其营养吸收、生长和代谢的变化。离体根培养的培养基采用无机离子浓度低的 White 培养基，也可用 MS、B_5 等，但浓度为 2/3 或 1/2。White 培养基配方为：硝酸钾 80mg/L，硫酸镁 720mg/L，硫酸锰 7mg/L，硫酸铜 0.03mg/L，碘化钾 0.75mg/L，维生素 PP 0.5mg/L，维生素 B_6 0.1mg/L，维生素 B_1 0.1mg/L，甘氨酸 3mg/L。

将种子进行表面消毒，在无菌条件下用湿布培养萌发，至根伸长 1.0cm 以上；从根尖一端切取长 1.2 cm，接种于培养基中。用分化培养基，第一步诱导形成愈伤组织，第二步在再分化培养基上诱导芽的分化、再分化成小植株。

培养物生长甚快，几天后发育出侧根。待侧根生长约 1 周后，即切取侧根的根尖进行接种培养，如此反复，得到离体根的无性系。这种根可用来进行根系生理生化和代谢方面的实验研究。如营养选择吸收、根尖伸长生长、生长素对伸长的影响等。培养条件为暗光，25～27℃。

2. 茎尖培养

茎尖培养是切取茎尖部分或茎尖分生组织部分，进行培养的过程，这是组织培养中用得较多的外植体。茎尖培养可分为微茎尖培养和普通茎尖培养。微茎尖是指带有 1～2 个叶原基的生长锥，其长度不超过 0.5 mm；普通茎尖是指取 5～20mm 长的顶芽尖及侧芽尖。

（1）茎尖培养步骤。茎尖培养，技术简单，操作方便，易成活和分化，成苗时间短。步骤如下：

①取材。挑选洁净、无污染、生长不久的茎，从植物的茎、藤或匍匐枝上切取 2cm 以上的顶梢。木本植物可事先对茎尖喷几次灭菌药剂。用于普通茎尖培养。

②消毒。将采到的茎尖切成 0.5～1.0cm 长，并将大叶除去，休眠芽预先剥除鳞片。将茎尖置于流水冲洗干净，再在 95% 的酒精中处理 30s，然后在稀释 20 倍的次氯酸钠中浸 5～8min，最后用无菌水冲洗数次，沥干后准备接种。

③接种。为了减少污染，在接种前再剥掉一些幼叶，使茎尖为 0.5cm 大小左右。用作快速繁殖。注意：一要防褐变。接种时，不用锈刀，动作敏捷，随切随接，用 1%～5% 维生素 C 溶液浸泡处理。二要防干燥。

④培养基。培养基采用 MS 培养基或略加修改，或补加其他物质。也可用其他培养基如 White、Heller 等。培养基中生长素是必需的，如 2，4-D，IAA，NAA 等，但是浓度不能太高，一般用 0.1mg/L 左右，若浓度高则易产生畸形芽或形成愈伤组织。

茎尖在培养过程中会出现生长太慢、生长太快和生长正常等 3 种类型。

①生长太慢型。接种后茎尖不增大，只是茎尖逐渐变绿，出现绿色小点，细胞逐渐老化而进入休眠状态，或者逐渐变褐死亡。引起原因的是生长素浓度太低，或是温度过低或过高。

②生长太快型。接种后茎尖迅速增大，在茎尖基部产生愈伤组织，并迅速增殖，而茎尖不伸长，久之茎尖也形成愈伤组织，从而丧失发育成苗的能力。引起原因一是生长素浓度过高，引起细胞疯狂分裂而导致愈伤组织的形成，二是光照太弱或温度太高。

③生长正常型。接种后茎尖基部稍增大并形成少量愈伤组织，茎尖颜色逐渐变绿，并逐渐伸长，叶原基发育成可见的小叶，进而形成小苗。

（2）培养条件。培养时，每天光照可长一些，最长达 16h/d，光照度 1 500～3 000lx，温度（25±2）℃，并且根据不同植物种类，或者随培养过程的不同，给予适当的昼夜温差等处理。

要注意预防培养基干燥，由于茎尖培养时间较长，通过定期转移、严加封口等。一般茎尖培养在 40d 左右可直接长成新梢。

继代培养，茎段切割，可用 MS_0 培养基，或用生长物质较低的 MS 培养基，也可边增殖边生根培养。

诱导生根，用 1/2 MS 培养基，并只加入生长素类调节物质，如 NAA、IBA 等；也可将切下的新梢基部浸入 50mg/L 或 100mg/L 的 IBA 溶液处理 4～8h，然后转移到无激素的生根培养基中。注意较高浓度的生长素对生根有抑制作用。

（3）移栽驯化。发现新梢基部生有较浓密的不定根，生长健壮而发达，长度在 1cm 以内，可以进行移栽。可先进行几天炼苗程，取出—洗培养基—栽入驯化器皿—基质为蛭石：珍珠岩：泥炭为 1:1:0.5。栽后初期保持湿度。基质浇透水，床面浇湿，搭小拱棚等，并且初期要常喷雾处理，后期逐渐减少湿度。拱棚两端打开通风，减少喷水次数。以后揭去拱棚，并控制水分。

温度管理上要掌握适宜的生根温度，最适宜的温度是 16～20℃，春季地温较低时，可用电热线来加温。光照，初期弱光照，加盖遮阳网或报纸等，后期可直接利用自然光照。

3. 茎段培养

指不带芽和带 1 个以上定芽或不定芽的，包括块茎、球茎在内的幼茎切段的无菌培养。培养技术简单易行，繁殖速度较快；芽生芽方式增殖的苗木质量好，且无病，性状均一；解决不能用种子繁殖植物的快速繁殖问题等。

（1）茎段培养操作步骤。取生长健壮无病虫的幼嫩枝条或鳞茎盘，木本则取当年生嫩枝或一年生枝条，剪去叶片，剪成 3～4cm 的小段。

注意：①尽力取顶部茎切段和顶芽，但由于顶芽少可利用腋芽，但尽力用茎上部的腋芽。②尽量在生长期取芽，休眠期成活率降低。如苹果在 3～6 月取材的成活率为 60%，7～11 月下降到 10%，12 月至翌年 2 月都在 10% 以下。

在自来水中冲洗 1～3h，用 75% 酒精灭菌 30～60s，再用 0.1% 升汞浸泡 3～8min，或用饱和漂白粉浸泡 10～20min，因材料老嫩和蜡质多少而确定时间。最后用无菌水冲洗数次，以备接种。

（2）培养基。选 MS 培养基，加入 3% 蔗糖，用 0.7% 的琼脂固化。培养条件保持 25℃左右，给予充分的光照和光期。

培养物的变化：①基部切口上长出愈伤组织，呈现稍许增大，控制不要过大。②而芽开始长长，有时会出现丛生芽，培养方式为培养出芽梢或培养芽丛，从而得到无菌苗。促进腋芽增殖用 6-BA 是最为有效的，依次为 KT 和 ZT 等。生长素虽不能促进腋芽增殖，但可改善苗的生长，也要适量加入，GA 对芽伸长有促进作用。

（3）继代扩繁。包括两种途径，一是促进腋芽的快速生长，二是诱导形成大量不定芽。第一种途径的好处是不会产生变异，能保持品种优良特性。且方法简便，可在各种植物上使用，每年从 1 个芽可增殖 10 万株以上。第二种途径虽会产生变异，但繁殖系数较高，适于多数植物。

（4）生根培养和移栽驯化与茎尖培养相似。

（5）驯化管理。要进行炼苗，小心移栽，初期湿度要大，基质通气湿润，保湿保温，特别要精心管理等。

4. 离体叶培养

离体叶培养包括叶原基、叶柄、叶鞘、叶片、子叶在内的叶组织的无菌培养。它大多经脱分化形成愈伤组织，再经再分化生出不定芽和不定根，或直接诱导形成不定芽。

离体叶培养，材料来源广泛，数量大，容易培养，尤其对木本植物，生成的愈伤组织完整，数量多，较迅速等。叶片再生能力以羊齿植物最多，双子叶植物次之，单子叶植物最少。离体叶培养如下：

（1）材料选择及灭菌。选择健康洁净的植株，取其较幼嫩叶片，冲洗干净，用70％酒精漂洗约10s，再在饱和漂白粉液中浸3～15min，或在0.1％升汞中浸3～5min，以前者为佳。用无菌水冲洗数次，再放在无菌的干滤纸上吸干水分，以供接种使用。对一些粗糙或带茸毛的叶片要延长灭菌时间。注意要选择成熟的叶片。

（2）接种。将叶片切成约0.5cm见方小块或圆片及薄片（如叶柄和子叶），注意选择切块位置。MS培养基附加6-BA1～3mg/L，NAA0.25～1mg/L。

（3）培养。培养条件为每天10～12h光照，光照度1 500～3 000lx。培养2～4周，叶切块开始增厚肿大，进而形成愈伤组织。转移到分化培养基上进行培养，其培养基的6-BA含量为2左右，约再过10d左右，愈伤组织开始转绿出现绿色芽点，形成不定芽。通过继代培养和生根培养，完成整个组培过程。

叶的培养比胚、茎尖和茎段培养难度大。首先要选用易培养成功的叶组织，如幼叶比成熟叶易培养，子叶比叶片易培养。其次要添加适合的生长素和细胞分裂素浓度，保证利于叶组织的脱分化和再分化。

工作一　组培苗观察

一、工作目的

熟练掌握组培苗观察的项目与观察方法。观察记录规范、全面、详细、真实。能针对问题提出解决措施。

二、工作准备

1. 材料

各种植物的不同培养阶段的培养物、染料、固定液等生理生化检测所需要的试剂等。

2. 仪器与用具

直尺、镊子、解剖镜、显微镜、恒温水浴锅、数码相机、观察记录表、笔等。

三、任务实施

（1）根据实际情况设计观察记录表。

（2）观察培养物的外观，进行长势、长相观察和出愈率等技术指标的计算。

（3）填写调查统计表（学生自己设计），见表4-21。

表 4-21　组培苗观察记录

观察记录时间	污染类型	污染率	出愈率	分化率	增殖率	生根率	移栽成活率	生长分化情况	处理建议

（4）注意事项

①准备观察用具。

②认真观察组培苗。要求尊重事实，调查全面、记录完整。

③最好不要手握封口膜处，以防二次污染。

④培养瓶最好不要带出培养室。

⑤填写观察记录表，要求概括、全面、言简意赅，计算准确。

⑥出愈率、分化率、生根率等技术指标的数据统计一般要求以30个培养物调查为依据；培养物的生长量等数据一般至少5个培养物的平均值；污染率、玻璃化发生率、褐变率等数据统计以一次接种的培养物为基数。

四、任务结果

（1）观察记录表。

（2）写一份调查分析报告。

（3）要求。①调查方法与内容；②调查结果；③调查分析及措施。

工作二　离体根培养

一、工作目的

掌握离体根的培养方法；培养方案合理,操作规范;学生通过独立操作能培养良好的成果。

二、工作准备

1. 材料与试剂

胡萝卜肉质根、灭过菌的培养基（MS＋IAA 1.0 mg/L＋Kt 0.1mg/L）、95％酒精、2％次氯酸钠、0.1％～0.2％升汞、0.05％甲苯胺蓝、无菌水等。

2. 仪器和用具

超净工作台、无菌打孔器（直径5mm）、酒精灯、接种工具、刮皮刀、无菌瓶、烧杯、无菌滤纸、培养皿、玻璃棒、打火机、70％酒精等。

三、任务实施

1. 外植体选择与处理

取健壮的胡萝卜肉质根，用自然水冲净，用刮皮刀削去外层组织1～2mm厚，横切成10mm厚的切片，然后在超净工作台上将胡萝卜切片放入无菌瓶中，用0.2％次氯酸钠消毒

10min，无菌水漂洗 3 次，每次 30～60s。将胡萝卜切片平放在无菌培养皿中，用无菌打孔器沿形成层区域垂直钻取圆柱体若干（图 4-15），然后用玻璃棒轻轻将圆柱体从打孔器中推出，放入装有无菌水的培养皿中。反复操作，直至达到接种数量要求。

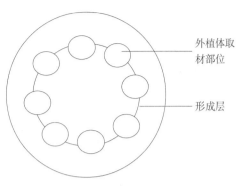

图 4-15 胡萝卜肉质根取材部位
（王振龙，2007）

外植体取材部位

形成层

2. 接种

从培养皿中取出圆柱体，放在无菌培养皿中，用解剖刀切除圆柱体两端各 2mm 的组织，然后将余下部分切成 3 片（每片约 2mm 厚，小圆片直径 5mm），用无菌滤纸吸干圆片两面的水分，接种到预先配制的诱导愈伤组织培养基表面。

3. 培养

置于 25℃恒温箱中暗培养。接种几天后，外植体表面开始变得粗糙，有许多光亮点出现（这是愈伤组织开始形成的症状），3～4 周后形成大量愈伤组织。将长大的愈伤组织切成小块转移到新鲜培养基上，如此反复进行继代培养。

4. 观察记录

用放大镜观察愈伤组织的表面特征。再用解剖针取一些细胞置于载玻片上，做成临时装片，在显微镜下观察愈伤组织细胞的特征。也可经甲苯胺蓝染色后再检查（有条件可做）。边观察边记录。

5. 注意事项

（1）外植体要求无病、健壮。

（2）用打孔器钻取胡萝卜根的圆柱片务必打穿组织。

（3）严守无菌操作规程。

四、任务结果

（1）写一份实施方案。

（2）观察记录表。

（3）写一份结果调查分析报告。

工作三　茎段培养

一、工作目的

通过操作掌握茎段培养的操作流程，做到培养方案合理，操作规范、熟练。

二、工作准备

1. 材料与试剂

月季或玫瑰枝条、灭菌过的培养基（诱导培养基：MS＋BA 0.3～1.0mg/L；增殖培养基：MS＋BA 1.0～2.0mg/L＋NAA 0.01～0.1mg/L；生根培养基：1/2 MS＋NAA

0.5mg/L)、无菌水、95％酒精、0.1％升汞、吐温－80。

2. 仪器和用具

超净工作台、酒精灯、接种工具、无菌瓶、烧杯、无菌滤纸、培养皿、玻璃棒、打火机、70％酒精、基质（珍珠岩、泥炭、蛭石、腐殖土等）、育苗盘、塑料钎、多菌灵等杀菌剂、塑料盆等。接种和移栽用品预先消毒。

三、任务实施

1. 外植体选择与处理

（1）取健壮具有饱满而未萌发侧芽的当年生枝条，切取半木质化的中段，削去叶柄和皮刺，用自然水冲净，剪成带节小段，每段 1 芽。

（2）在超净工作台上，按照 75％酒精 10s→0.1％升汞 8～10min→无菌水漂洗 5 次（1min/次）的顺序进行材料灭菌，然后用无菌滤纸吸干表面水分。

2. 接种

切去茎段两端受伤部位，接种到诱导培养基中。每瓶接种 1 个茎段。

3. 初代培养

接种后培养瓶置于 22～24℃，光照度 1 500～2 000lx 的培养室内培养，光照时间 12h/d。2～3 周后，从叶腋处长出 1cm 左右长的叶腋。

4. 继代培养

切下萌发的叶芽，接种到增殖培养基中，侧芽继续伸长并萌发出新的侧枝，4～5 周后继续分切成单芽茎段进行增殖。

5. 生根培养

当苗高 2cm 以上时，切下转接到生根培养基中诱导生根。

6. 驯化移栽

当试管苗具根 3～4 条，根长达 0.5～1.0cm 时，不开瓶炼苗 2～3d，再开瓶炼苗 1～2d，然后及时移栽到育苗盘中。基质可选河沙、珍珠岩、腐殖土等，预先消毒。移植后覆膜保湿，2 周后逐渐揭膜通风，1 个月后移植到花盆。

7. 注意事项

培养过程中跟踪观察，统计各项技术指标，及时分析并有效解决存在的问题，发现污染瓶及时清洗。

四、任务结果

（1）写一份实施方案。

（2）观察记录表。

（3）写一份结果调查分析报告。

任务六　组培苗驯化移栽及管理

教学目标：

了解组培苗的特点。掌握组培苗驯化移栽的操作流程，管理技术。

任务提出：

学会对组培苗的驯化移栽管理。

任务分析：

第一，了解组培苗驯化环境条件的要求；

第二，了解组培苗移栽技术和相关设施；

第三，掌握科学的管理技术。

<h1 align="center">相关知识一　试管苗的驯化</h1>

试管内的生根苗需经过一段时间的驯化逐步适应外界环境后，再移栽到疏松透气的基质中，并应加强管理，注意控制温度、湿度、光照，及时防治病虫害，以提高移栽苗的成活率。

1. 试管苗的特点

在特殊生态环境中生长的试管苗，具有以下几个特点：①试管苗生长细弱，茎、叶表面角质层不发达；②试管苗茎、叶虽呈绿色，但叶绿素的光合作用较差；③试管苗的叶片气孔数目少，活性差；④试管苗根的吸收功能弱。因此，试管基本上是出于异养状态，自身光合能力很弱，依靠培养基为其生长提供营养物质。

试管苗的生长环境与外界环境相比，具有 4 个差异：①恒温。在试管苗整个生长过程中，常采用恒温培养，即使某一阶段稍有变动，温差也较小。而外界环境中的温度由太阳辐射的日辐射量决定，处于不断变化之中，温差较大。②高湿。培养容器内的相对湿度接近于 100%，远远大于容器外的空气湿度，所以试管苗的蒸腾量极小。③弱光。培养室内采取人工补光，其光照度远不及太阳光照度，故幼苗生长液一般较弱，不能经受太阳光的直接照射；④无菌。试管苗所在环境是无菌的。不仅培养基无菌，而且试管苗也无菌。在移栽过程中试管苗要经历由无菌向有菌的转换。

2. 试管苗与实生苗的区别

试管苗由于生长环境具有光照弱易调控、温度适宜且恒定、相对湿度高、养分丰富、光下 CO_2 低、有害气体量高、无菌等特点，造成角质层薄，水孔多，气孔的生理活性差，保水能力差，叶绿体光合作用也差；根系不发达，吸水能力差。

而实生苗生长在光照强波动大、温度波动性大、相对湿度较低波动大、养分较贫瘠、各种气体较恒定、有菌的环境中，角质层较厚，水孔少，气孔的生理活性强，叶绿体光合作用性能好；根系发达，吸水能力强。

3. 试管苗的驯化

（1）驯化目的。驯化的目的是人为创造一种由试管苗生境逐渐向自然环境过渡的条件，促进试管苗在形态、结构、生理方面向正常苗转化，使之更能适应外界环境，从而提高试管苗移栽的成活率。

（2）驯化原则。应从光、温、气、湿及有无杂菌等环境要素考虑。

（3）驯化方法。将装有试管苗的培养容器移到温室或大棚，先不要打开瓶盖或封口膜，并不能立即接受太阳光的直接照射，以免瓶内升温太快，使幼苗因蒸腾作用过强失水萎蔫，甚至死亡。可以先进行适当遮蔽，再逐渐撤除保护，让试管苗接受自然散射光照射，并逐步适应自然的昼夜温差变化。3～5d 后打开瓶盖或封口膜，使试管甚至更接近外界环境条件，再炼苗 2～3d 后即可移栽。试管苗驯化成功的标准是茎长粗、叶绿、根系延长并由白色变为黄褐色。

相关知识二　试管苗的移植

1. 基质准备

移栽基质要求疏松、透水、通气，有一定的保水性，易消毒处理，不利于杂菌滋生。常选用的基质有蛭石、珍珠岩、河沙、泥炭、腐殖土、炉灰渣、谷壳、锯木屑等。基质使用时应按一定的比例搭配，常用的有珍珠岩：蛭石：泥炭为 1：1：0.5，或河沙：泥炭土为 1：1。应根据不同植物的栽培习性来合理搭配基质，才能获得满意的移栽效果。

试管苗移栽前还应先对基质进行灭菌消毒，以降低感杂率。基质灭菌可采用高压湿热灭菌，即将基质装入高压灭菌锅，于 0.098～0.118MPa 压力下持续 30～40min；也可采用化学药剂消毒，一般用 1% 高锰酸钾溶液或 50% 多菌灵 600 倍液浇洒，并混拌均匀。

2. 移栽方法

(1) 常规移栽。将驯化后的小苗取出，用清水洗去附着于根部的琼脂培养基，操作时应尽量减少对根系和叶片的损伤。用 50% 多菌灵 800 倍溶液浸泡消毒 1～2min，然后移栽到混合基质中。移栽深度适宜，可埋没叶片。移栽后要浇 1 次透水，但不能造成基质积水而使根系腐烂。保持一定的温度和水分，适当遮阴。当长出 2～3 片新叶时，即可将其移栽到田间或盆钵中。这种移栽适合草莓、百合、非洲菊、马铃薯等多数植物。

(2) 直接移栽。直接将试管苗移栽到盆钵中。这种方法适合具有专业化生产的温室条件，如凤梨、万年青、花叶芋、绿巨人等盆栽植物的规模化生产，选用适宜的盆栽基质，直接将生根试管苗移栽入盆，随着植株的生长，再逐渐换大型号的花盆。

(3) 嫁接。有些木本植物不易在试管内生根，可选取合适的实体幼苗作砧木，用试管苗作接穗进行嫁接。嫁接移栽法与常规移栽法相比具有移栽成活率高、适用范围广、成苗所需的时间短、有利于移栽植物的生长发育等许多优点。

3. 移栽后管理

移栽后的养护管理也是一个非常关键的环节，主要应注意以下几个方面：

(1) 控制温度。温度过高会导致幼苗蒸腾作用加强，水分失衡，以及菌类滋生等问题；温度过低使幼苗生长迟缓或不易成活。如果能有良好的设备或配合适宜的季节，使介质温度略高于空气温度 2～3℃，则有利于生根和促进根系发育，提高成活率。采用温室地槽埋设地热线或加温生根箱种植试管苗，可以取得更好的效果。

(2) 保持湿度。试管苗茎、叶表面角质层不发达，根系弱或无根，移栽后很难保持水分平衡，应提高小环境的空气相对湿度，尤其在移栽最初的 3d 内，应保持 90%～100% 的空气相对湿度，尽量接近培养期中的湿度条件，以减少试管苗叶面蒸腾作用，使小苗始终保持挺拔始终姿态。以后再适当通风，逐渐降低湿度，适宜外界自然环境。

(3) 调节光照。试管苗移栽后要依靠自身的光合作用来维持生存，须提供一定的自然光照。但光照不能太强，以散射光为好，初期控制在 2 000～5 000lx，后期逐渐加强。一般在试管苗移栽初期，应进行遮光处理，温室内使用小拱棚，再加盖遮阳网。待幼苗生长一段时间后，再逐渐加强光照，后期则可直接利用自然光照，以促进光合作用产物的积累，增强抗性。

(4) 防止杂菌滋生。除了对栽培基质要预先消毒灭菌，移栽后还应定期使用一定浓度的药剂杀菌，如用 75％百菌清可湿性粉剂 600 倍液、50％多菌灵可湿性粉剂 800 倍液等喷雾，可以有效地保护幼苗。

（5）补充营养。试管苗移栽后喷水时可以加入 0.1％的尿素或 1/2MS 大量元素的溶液作追肥，以后 7～10d 追 1 次肥，以促进幼苗生长。

4. 提高试管苗驯化移栽成活率的措施

影响试管苗驯化移栽成活率的原因主要有植物种类和试管苗的质量以及环境条件、管理措施及管理人员的责任心等外因。

提高措施：

（1）改善培养条件，提高组培苗质量。

（2）及时出瓶驯化，避免组培苗老化。

（3）改善过渡培养环境条件。

（4）选择适当的介质。

（5）对栽培基质一定要进行灭菌。

（6）加强水肥管理和病虫害防治。

（7）采取适当的遮阴措施，保持试管苗的水分供需平衡。

 实训操作

工作　组培苗驯化

一、工作目的

熟练掌握组培苗移栽驯化技术。

二、工作准备

1. 材料

生根组培苗。

2. 器具用品

镊子、水盆、蛭石和珍珠岩、育苗盘、喷雾器、竹签等。

三、任务实施

1. 炼苗

将生根的组培苗从培养室取出，放在自然条件下 3～5d，然后打开瓶盖，注入少量清水，使培养基隔绝空气，再放置 1～2d。观察幼苗茎干增粗、颜色加深、叶片增绿，根系延长并由黄白色变为黄褐色，即可进行下一步幼苗移栽。

2. 基质灭菌

将蛭石和珍珠岩分别用聚丙烯塑料袋装好，在高压灭菌锅中灭菌 20min，灭菌后冷却备用。

3. 育苗盘准备

取干净的育苗盘,将蛭石和珍珠岩按 1∶1 混合,然后倒入育苗盘中,用木板刮平。将育苗盘放入 1~2cm 深的水槽中,使水分浸透基质,然后取出备用。

4. 组培苗脱瓶

用镊子将组培苗轻轻取出,放入清水盆中,小心洗去根部琼脂,然后捞出,放入干净的小盆中。

5. 移栽

用竹签在基质上打孔,将小苗栽入育苗穴盘中,轻轻覆盖、压实。待整个穴盘栽满后用喷雾器喷水浇平。最后将育苗盘摆入到驯化室中,正常管理。

四、任务结果

(1) 记录试管苗移栽驯化步骤,后定期观察。
(2) 统计移栽成活率,形成实训报告。

任务七　组培育苗工厂化生产与管理

教学目标:

掌握组培苗木工厂化生产与经营管理的方法和措施;掌握组培苗的质量鉴定方法与运输方式。

任务提出:

掌握组培苗木生产与经营管理知识;熟记生产组培苗的质量标准、原种组培苗的质量标准、出圃苗的质量标准,培养从事组培苗木生产管理人员的素质与能力。

任务分析:

第一,了解工厂化生产工艺流程;
第二,会试管苗增殖率的估算;
第三,能以质量标准鉴定生产性组培瓶苗、原种组培苗、出圃苗;
第四,学会组培苗的运输方法。

相关知识一　植物组培苗工厂化生产工艺流程

植物组培苗的工厂化生产是指在人工控制的最佳环境条件下,充分利用自然资源和社会资源,采用标准化、机械化、自动化技术,高效率地按计划批量生产优质植物苗木。组培工厂化育苗主要应用于植物快繁和脱毒苗生产,目前已有不少花卉、果树、蔬菜等经济作物采用组织培养技术,利用具有规模生产条件的组培苗生产线进行大规模的工厂化生产。根据植物组织培养的技术路线拟定工艺流程。如:茎尖→表面消毒→接种诱导培养基→茎尖生长→病毒检测鉴定→培养无根小植株→培养生根→完整小植株→炼苗20~25d→移栽成活。

常规情况下详细的生产流程见图 4-16。

对不同的品种其流程会略有差异,如进行果树育苗还需进行嫁接等操作流程,但对组培工厂化育苗而言,一般可根据上面的流程图来安排各项作业,只有相互衔接好、配合好,才

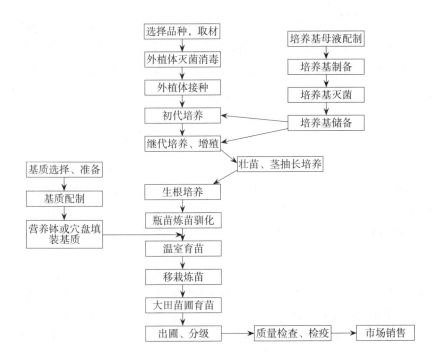

图 4-16 组培苗生产流程

能提高生产效益。

相关知识二 组培苗生产计划的制订与实施

生产计划是根据市场需求和经营策略，对未来一定时期的生产目标和活动所做的统一安排。生产计划的制订是进行组培苗规范化生产的关键，生产量不足或过剩都会直接影响经济效益。在实际生产中，首先应对植物材料的增殖率做出一个切合实际的估算，再根据生产能力和市场需求制订相应的生产计划，并有效组织生产。

1. 试管苗增殖率的估算

试管苗增殖率是指植物快速繁殖中间繁殖体的繁殖率。通常试管苗增殖率的估算多以芽或苗为单位，原球茎或胚状体以瓶为单位。

（1）试管苗的理论增殖值计算。试管苗理论增殖值是指接种一个芽或一块增殖培养物，经过一定时间的培养后得到的芽或苗数量，即试管苗理论上的年繁殖量，其计算公式为：

$$Y = mX^n$$

式中，Y——年繁殖数；

m——无菌母株苗数；

X——每个培养周期的增殖倍数；

n——全年可增殖的周期次数。

例如，一株高 6cm 的马铃薯试管苗，被剪成 4 段转接于继代培养基上，30d 后这些茎段平均又再生出 3 个 6cm 高的新苗。如此反复培养，一株马铃薯试管苗半年后的理论繁殖量计算方法为：

$$Y = mX^n = 1 \times (4 \times 3)^6 = 2\,985\,984（株）$$

即一株马铃薯试管苗经半年的继代培养后，理论上可以获得2 985 984株新生试管苗。

又如，在葡萄试管苗的生产中，若一株无菌苗每周期增殖3倍，一个月为一个繁殖周期，生产时间为每年8月至翌年的2月。那么，欲培育5 000株成苗应当从多少株无菌苗开始进行培养？根据上述公式可知 $m=\dfrac{Y}{X^n}$ ，即得：

$$m=\frac{Y}{X^n}=5\ 000/3^6=6.86\ （株）$$

即欲培育5 000株成苗，理论上应当从6.86株无菌苗开始进行培养。

（2）试管苗的实际增殖计算。试管苗的实际增殖率是指接种一个芽或转接一个苗，经过一定的繁殖周期所得到的实际芽或苗数。由于在继代扩繁过程中可能会出现污染苗、弱苗，移栽过程中出现死苗等现象，以及其他一些不确定因素的影响，试管苗生产的理论增殖率与实际产量会有很大差异。

试管苗的实际增殖率计算方法须通过生产实践的经验积累而获得。为了使计算数据更接近实际生产值，有必要引入有效苗和有效繁殖系数等概念。有效苗是指在一定时间内平均生产的符合一定质量要求的能真正用于继代或生根的试管苗；有效苗率是指有效苗在繁殖得到的新苗数中所占的比率；有效繁殖系数是指平均每次继代培养中由一个苗得到有效新苗的个数。

若设 N_e 为有效数，N_0 为原接种苗数，N_t 为新苗数，L 为损耗苗数，C 为有效繁殖系数，P_e 为有效苗率，则有：$N_e=N_t-L$，$P_e=N_e/N_t$，$C=N_e/N_0=N_t \cdot P_e/N_0$。

那么，m 个外植体连续 n 次继代繁殖后所获得的有效试管苗数 Y 为：

$$Y=mC^n=m\ (N_e/N_0)^n=m\ (N_t P_e/N_0)^n$$

式中，Y——有效试管苗数；

　　　m——无菌母株苗数；

　　　n——全年可增殖的周期次数。

例如，一株高6 cm的马铃薯试管苗，被剪成4段转接于继代培养基上，30 d后这些茎段平均又再生出3个6cm高的新苗，其中可用于再次转接繁殖的苗为新生苗的85%。如此反复培养，半年后一株马铃薯试管苗的繁殖量为：

$$Y=m\ (N_t P_e/N_0)^n=1×(4×3×85\%/1)^6≈1\ 126\ 162\ （株）$$

由试管苗到合格的商品苗，一般还要经过生根培养、炼苗与移栽等程序，其中也客观存在消耗。若有效生根率（有效生根苗占总生根苗的百分数）为 R_1，生根苗移栽成活率为 R_2，成活苗中合格商品苗率为 R_3。那么，m 个外植体经过一定时间的试管繁殖后所获得的合格商品苗 M 为：

$$M=Y×R_1×R_2×R_3$$

例如，若马铃薯试管苗的有效诱导生根率为95%，移栽成活率为90%，合格商品苗的获得率为95%。那么，上例中所得到的试管苗最终可以培养出的合格商品苗数量为：

$$M=Y×R_1×R_2×R_3=1\ 126\ 162×85\%×90\%×95\%≈818\ 438\ （株）$$

相比之下，理论估算值比有效增殖值高出2.65倍，比合格商品苗总量高出3.65倍，可见，引入有效苗和有效繁殖系数等概念后，组培苗增殖值与合格商品苗产量等数值的计算更加符合生产实际。

2. 生产计划的制订

（1）制订依据。

商业化生产计划制订应考虑市场对试管苗的种类和数量的需求及趋势，以及自身具备的生产能力（生产条件及规模）。首先应提出全年的销售目标，再根据实际生产中各个环节的消耗制订出相应的全年生产计划。即：

$$计划生产数量＝\frac{计划销售数量}{（1－损耗率）×移栽成活率}$$

一般情况下，若生产过程中损耗率为 5%～10%，实际生产数量比计划销售数量增加 20%～30%。

销售计划和生产计划应按月做出，并依据当年总计划进行确认和调整。生产日期则根据销售计划拟定。当然，根据市场需求拟定的生产计划，在实际生产过程中还应根据市场变化及时调整，以促进试管苗适时生产和有效销售。

由于刚出瓶的试管苗不能成为商品苗出售，所以试管苗的出瓶日期应比销售日期提前 40～60d。试管苗的成活及质量与苗龄有一定相关性，过小或过老的试管苗都不应进入市场销售，以确保企业信誉。

（2）案例。设定种苗基数为 500，前期增殖系数为 8，后期增殖系数为 3，污染损耗率为 5%，生根率为 70%。在继代 2 次后开始诱导生根，其中 1/3 种苗进行继续增殖壮苗，2/3 种苗进行生根诱导，制订生产计划，见表 4-22。

表 4-22　生产计划

时间（d）	继代次数	继代增殖苗 种苗×增殖系数×（1－污染损耗率）	诱导生根苗 绿茎数×生根率×（1－污染损耗率）
0～40	0	500×8×（1－5%）＝3800	
80	1	3800×8×95%＝28880	
120	2	28880×8×95%＝219488	
160	3	219488×3×95%＝625540	
合计		417027×70%×95%＝277323	417027×70%×95%＝277323

以上计划将继代周期设计为 40d，生产计划制订后，在具体操作时还需根据实际情况进行修改和调整。

相关知识三　植物组培苗的质量鉴定

商业化生产组培苗的质量鉴定是保证苗木质量和保护种植者利益的重要环节，也是确定销售价格的重要依据，直接关系到生产企业的经济效益和产品信誉，必须认真检验，严格把关。工厂化异地生产培育组培苗可发挥技术优势，在技术优势较强的地区培育价廉、质优的种苗，然后运输到生产区进行销售，这种经营方式不但有广阔的市场空间，也会有较大的经济效益和社会效益。此外，工厂化生产培育组培苗可利用纬度差、海拔高度差或地区间小气候差异进行育苗，节省能耗，降低成本。工厂化异地生产培育组培苗，必须解决好组培苗的包装、运输问题，才能最终获得经济效益，否则会功亏一篑。

根据种苗的用途不同，其质量标准也有所不同。

1. 生产性组培瓶苗的质量标准

用于生产的组培瓶苗质量，主要依据苗的根系状况、整体感、出瓶苗高、叶片数及叶片颜色等 5 个方面进行判定。

（1）根系状况。根系状况是指种苗在瓶内的生根情况，包括根的有无、多少、长势和色泽。一般通过目测评定，合格的组培瓶苗必须有根，根量适中，并且长势好、色白健壮。

（2）整体感。整体感是指组培苗在容器内的长势和整体感观，包括长势是否旺盛、种苗是否粗壮挺直等。此项指标是一个综合的感官评判项目，靠目测评定，应由熟悉组培生产及种类组培瓶苗形态特征的人员进行检测

（3）出瓶苗高。出瓶苗高是指出瓶时组培苗的高度。组培苗过矮过小，移栽难以成活。但并不是说苗高度越高越好，多数种类组培苗的高度超过指标后，其质量反而下降，继续生长变成徒长、瘦弱的超苗期，降低移栽成活率。

（4）叶片数。叶片数是指在组培苗进行光合作用的有效叶片数。通常通过目测评定，适当数量和形态正常的叶片表明植株生长健壮。

（5）叶片颜色。叶片颜色直接表明组培苗的健壮情况，叶色深绿有光泽，表明生长势强壮，光合能力强，适宜移栽；叶片发黄、发脆、透明、及局部干枯都是组培苗病态的表现，移栽难以成活。

组培苗鉴定时要注意识别莲座化现象和已发生变异的组培苗。莲座化苗后期无法抽薹开花，而变异苗会引起产量下降或品质变劣，影响产品的商品价值。

几种常见花卉组培苗的出瓶质量标准见表 4-23。

表 4-23　几种常见花卉组培苗的出瓶质量标准

植物品种	根系状况		整体感和叶片颜色	出瓶苗高（cm）	叶片数（片）	苗龄（d）
非洲菊	1 级	有根	苗直立单生，叶色绿，有心	2～4	≥3	15～20
	2 级	有根	苗略小，部分叶形不周正，有心	1～3	≥3	15～20
勿忘我	1 级	有根或无根	苗单生，有心，叶色绿	2～3	≥3	15～20
	2 级	有根	苗单生，有心，叶色绿	2～4	≥3	15～20
满天星	1 级	有根	粗壮硬直，叶色深绿	2～3	4～8	10～13
	2 级	根原基	粗壮硬直，叶色深绿	1.5～3	4～8	10～13
菊花	1 级	有根	苗粗壮硬直，叶色灰绿	2～4	≥4	15～25
	2 级	有根	苗粗壮硬直，叶色灰绿	1～2	≥4	15～25
马蹄莲	1 级	有根	苗单生，叶色绿	3～5	≥3	15～25
	2 级	根少或无根	苗单生，苗色稍浅	2～4	≥3	15～25
龙胆草	1 级	有根	苗单生，叶色绿	3～4	≥6	15～25
	2 级	有根	苗单生，叶色绿	1.5～3	4～6	15～25
百合	亚洲	有根	叶色不定，基部有小球	不定	有叶	15～25
	东方	有根	叶色不定，基部有小球	不定	2～5	15～25

2. 原种组培苗的质量标准

原种组培苗是指用于扩繁生产种苗的组培苗，它是种苗生产的源头与基础。原种组培

苗。原种组培苗的质量标准不仅需要用生产性组培瓶苗的质量标准来进行检测，同时还需要在生产过程中进行健康状况和品种纯度的检测，只通过这两项指标的严格检测，才能从源头上真正保证组培瓶苗的质量。

（1）品种纯度。品种纯度是指原种组培苗是否具备品种典型性。品种纯度是非常重要的一个质量指标。因为一旦原种苗发生混杂，则用其生产的种苗也会发生大规模的混杂。在生产过程中应对品种纯度进行严格检测和监控。外植体进入组培室后，在扩大繁殖前必须对每个外植体材料进行编号；生产过程中所有的材料在转接后要及时做好标记，分类存放；若发现可能有材料混杂，须全部丢弃。瓶中纯度鉴定可根据外观性状判断，有条件的可利用分子检测技术进行鉴定。

（2）健康状况。健康状况是指原种组培苗是否携带病菌，包括真菌、细菌、病毒等。在生产过程中，首先对需繁殖的外植体材料进行病毒和病原菌检测，若为带毒植株，可通过微茎尖离体培养、热处理等方法脱除病毒，并经鉴定脱毒后再大量扩繁。组培苗出瓶后需在防虫网室或温室中繁殖，在此期间对多发性病原菌要进行两次或两次以上的检测，当检测出感染有病原菌的植株时，须连同其室内扩繁的无性系同时销毁，以保证原种组培苗处于安全的健康状况。

3. 出圃苗的质量标准

出圃种苗的质量影响到种植后的成活率、长势、产量和病虫害的防治。组培出圃的质量标准很难统一，主要原因是由于植物产品特殊性，现阶段不同植物组培出苗的质量标准参考实生苗质量的标准进行。主要从以下几个方面进行考虑：

（1）商品特性。苗高、冠幅、地径、叶片数、芽数、叶片颜色、根的数量、长度等。

（2）健壮情况。抗病性、抗虫性、抗逆性。

（3）遗传稳定性。品种典型性状、是否整齐一致。

相关知识四　植物组培苗的运输

1. 育苗方法及苗龄

一般采用水培或以多孔材料（如沙砾、炉渣）作基质育苗的苗木，起苗后根系全部裸露，须采取保湿措施处理，否则经长途运输后成活率会受到影响。采用岩棉、泥炭作基质，质量轻，保湿性好，又有利于护根，效果较好。近年来推广应用的穴盘育苗，基质使用量少，护根效果好，便于装箱运输，适合苗木长途运输。一般远距离运输应以小苗为宜，尤其是带土的秧苗。因为小苗龄植株苗小，叶片少，运输过程中不易受损伤，单株运输成本低。

2. 组培苗的包装

为了保证苗木的成活率，应对根系保护处理。采用穴盘育苗运输时带基质，应先振动秧苗，使穴盘分离，然后将苗取出，带基质摆放于箱内，以提高定植后的成活率及缓苗速度。水培苗或基质培苗，取苗后基本不带基质，可由数十株至百株扎成一捆，用水薹或其他保湿包装材料将根部裹好再装箱。包装箱的质量可因苗木种类、运输距离不同而异。近距离运输可选用简易纸箱或木条箱，以降低包装成本；远距离运输，须多层摆放，应考虑箱体容量和强度，保证能经受压力和颠簸。

3. 对运输工具及运输适温的要求

根据运输距离的远近选择运输工具。同一城市或同一区、乡内近距离运输多采用小型运输车；远距离运输时则应选用大容量运输工具，如火车或大吨位汽车等。种苗生产企业可将种苗直接运送到异地定植场所，这样可以减少搬动次数，减少种苗受损，有效提高成活率。对于珍贵的种苗或有紧急时间要求者也可选择空运。

在苗木长距离运输前，育苗企业应当按照销售合同和生产量确定具体的送货日期，并及时通知育苗场和用户，请他们注意天气预报，做好运前或到货后的防护准备。特别在冬春季，应做好秧苗防寒防冻准备。起苗前几天应进行秧苗锻炼，逐渐降温，适当少浇或不浇营养液，以增强秧苗抗逆性。

在种苗运输过程中应注意调节温度、湿度，苗木运输工具最好具有调温、调湿装置，防止因过高或过低温、湿度损伤幼苗。多数植物种苗适宜的运输温度为 9~18℃；果树秧苗（如番茄、茄子、辣椒、黄瓜等）的运输适温为 10~21℃，低于 4℃ 或高于 25℃ 均不宜；但是结球莴苣、甘蓝等耐寒类叶菜种苗运输适温为 5~6℃。

实训操作

工作一　制订生产计划

一、工作目的

通过资料搜索学会制订生产计划和成本核算。

二、工作准备

计算机、笔记本、笔等。

三、任务实施

某一企业生产金边瑞香组培苗，请你规划一下其生产计划和成本效益。

提示：根据直接生产成本、固定资产折旧、市场营销和经营管理费用等项目进行生产成本核算。

四、任务结果

写一份结果调查分析报告。

工作二　组培苗的质量检测

一、工作目的

通过资料搜索学会制订生产计划和成本核算。

二、工作准备

计算机、笔记本、笔等。

三、任务实施

某一企业生产金边瑞香组培苗，请你对这些组培苗进行质量检测。

四、任务结果

写一份结果调查分析报告。

参考文献

曹春英，2006. 植物组织培养 [M]. 北京：中国农业出版社.

曹孜义，刘国民，1999. 实用植物组织培养技术教程 [M]. 兰州：甘肃科学技术出版社.

陈世昌，2006. 植物组织培养 [M]. 重庆：重庆大学出版社.

崔德才，2003. 植物组织培养与工厂化育苗 [M]. 北京：化学工业出版社.

龚维红，2011. 园艺植物种苗生产技术 [M]. 苏州：苏州大学出版社.

龚一富，2011. 植物组织培养实验指导 [M]. 北京：科学出版社.

江胜德，包志毅，2004. 园林苗木生产 [M]. 北京：中国林业出版社.

孔振辉，申书兴，2009. 植物组织培养 [M]. 北京：化学工业出版社.

李式军，2002. 设施园艺学 [M]. 北京：中国农业出版社.

刘弘，2012. 植物组织培养技术 [M]. 北京：机械工业出版社.

刘青林，马炜，郑玉梅，等，2003. 花卉组织培养 [M]. 北京：中国农业出版社.

刘勇，1999. 苗木质量调控理论与技术 [M]. 北京：中国林业出版社.

吕晋慧，孔东梅，2008. 园艺植物组织培养 [M]. 北京：中国农业科学技术出版社.

邱云亮，段鹏慧，赵华，2007. 植物组培快繁技术 [M]. 北京：化学工业出版社.

沈国舫，2001. 森林培育学 [M]. 北京：中国林业出版社.

斯泰尔 R C，科兰斯基 D S，2007. 穴盘苗生产原理与技术 [M]. 刘滨，译. 北京：化学工业出版社.

苏付保，2004. 园林苗木生产技术 [M]. 北京：中国林业出版社.

谭澄文，戴策刚，2004. 观赏植物组织培养技术 [M]. 北京：中国林业出版社.

王蒂，2008. 植物组织培养实验指导 [M]. 北京：中国农业出版社.

王清连，2002. 植物组织培养 [M]. 北京：中国农业出版社.

王水琦，2007. 植物组织培养 [M]. 北京：北京轻工业出版社.

王振龙，2011. 植物组织培养教程 [M]. 北京：中国农业大学出版社.

张福墁，2001. 设施园艺学 [M]. 北京：中国农业大学出版社.

张建国，1998. 林木育苗技术研究 [M]. 北京：中国林业出版社.

周余华，杨士虎，2009. 种苗工程 [M]. 北京：中国农业出版社.